中建安装精品工程丛书

恒逸（文莱）PMB石油化工项目精益建造实践

中建安装集团有限公司　组织编写

中国建筑工业出版社

图书在版编目（CIP）数据

恒逸（文莱）PMB石油化工项目精益建造实践/中建
安装集团有限公司组织编写. -- 北京：中国建筑工业出
版社，2025.1. --（中建安装精品工程丛书）. -- ISBN
978-7-112-30855-2

Ⅰ . TE65

中国国家版本馆CIP数据核字第20252E4F00号

恒逸（文莱）PMB 石油化工项目是我国共建"一带一路"倡议在东盟国家落地生根的重要组成部分，也是中建安装以中国标准、中国设计、中国制造在海外建设的代表性工程。在项目建造过程中，中建安装以科学策划为引领、以"三造"（制造＋创造＋建造）融合为手段，实现"四化"（绿色化、工业化、智慧化、国际化）协同发展；以过程质量精细化管控为抓手，全过程推行精益建造理念，按期实现项目一次开车成功，先后荣获境外工程"国家优质工程金奖""鲁班奖"，为海外石油化工项目精益建造提供了实践案例。

本书旨在系统梳理总结海外石化类项目关键技术实施及精细化管理先进经验，重点从设计与技术、采购、质量、安全、环境等方面，探索海外石化项目实践精益建造管理的创新路径，为行业发展注入新的活力。

责任编辑：王华月　张　磊
责任校对：赵　力

中建安装精品工程丛书

恒逸（文莱）PMB 石油化工项目精益建造实践

中建安装集团有限公司　组织编写

*

中国建筑工业出版社出版、发行（北京海淀三里河路 9 号）
各地新华书店、建筑书店经销
北京点击世代文化传媒有限公司制版
临西县阅读时光印刷有限公司印刷

*

开本：880 毫米 ×1230 毫米　1/16　印张：14¼　字数：336 千字
2025 年 6 月第一版　2025 年 6 月第一次印刷
定价：**168.00** 元
ISBN 978-7-112-30855-2
（44055）

坚持专业化、高质量、可持续发展，致力成为中国建筑专业公司高质量发展的排头兵、成为世界一流的综合安装领军企业

中建安装集团有限公司党委书记、董事长

王俊

本书编写委员会

主　　编：刘福建

副 主 编：黄云国　　王元锋　　范忠武

编写人员：刘云芳　　姜　明　　石　强　　闵伟忠　　荀方明
　　　　　朱国平　　王宏伟　　李盛波　　佘爱华　　程　鹏
　　　　　张弘彪　　杨栋琳　　单定坤　　王建龙　　赵　新
　　　　　王灿华　　岳昌海　　季雨凡　　吴　丹　　黄晶晶
　　　　　张新明　　兰乐意　　张雯静

审核人员：林　森　　刘长沙　　严文荣

在新时代高质量发展的宏大叙事中，中国建造正以创新为笔、以品质为墨，书写着从"大国建造"向"强国智造"跨越的壮丽篇章，面对全球产业链重构与国内经济转型升级的双重挑战，建筑业作为国民经济支柱产业，亟需以精益建造为抓手，推动全产业链价值提升。丛书《恒逸（文莱）PMB 石油化工项目精益建造实践》《华晨宝马超级汽车工厂精益建造实践》《徐州城市轨道交通 3 号线站后工程精益建造实践》的推出，正是中建安装集团有限公司以实践回应时代命题的智慧结晶，亦是行业转型升级进程中的标志性成果，三册书籍分别从国际化工程、智能制造基地、城市轨道交通等维度，全景展现了精益建造理念的落地实践创新。本书重点介绍了恒逸（文莱）PMB 石油化工项目精益建造的典型经验。

恒逸（文莱）PMB 石油化工项目是我国共建"一带一路"倡议在东盟国家落地生根的重要组成部分，也是中建安装以中国标准、中国设计、中国制造在海外建设的代表性工程。在项目建造过程中，中建安装以科学策划为引领、以"三造"（制造＋创造＋建造）融合为手段，实现"四化"（绿色化、工业化、智慧化、国际化）协同发展；以过程质量精细化管控为抓手，全过程推行精益建造理念，按期实现项目一次开车成功，先后荣获境外工程"国家优质工程金奖""鲁班奖"，为海外石油化工项目精益建造提供了实践案例。

《恒逸（文莱）PMB 石油化工项目精益建造实践》共分四篇 12 章，分别从中国标准打造海外石化名片、海外石化项目组织模式、科技支撑项目优质履约、精益管理铸就精品工程等四个方面，系统梳理总结了恒逸（文莱）PMB 石油化工项目的精益建造成果。

本书在编写过程中得到了项目建设参与各方的大力支持和诸多专家的帮助和指导，在此一并致谢。由于水平和时间有限，难免仍有疏漏和不妥之处，还望广大读者批评指正。

目 录

第一篇

丝路维新　打造中国石化海外名片

近年来，共建"一带一路"倡议在东盟各国深入扎根，持续加强中国和东盟国家之间的战略对接，各方围绕政策沟通、设施联通、贸易畅通、资金融通、民心相通主要内容，不断深化在经贸投资、互联互通、产能合作、绿色转型等多个领域的合作。作为"一带一路"沿线的重要东盟成员国，文莱的国家战略"2035宏愿"与"一带一路"倡议高度契合，在传承海上丝绸之路深厚情谊的同时，融入新时代丝路精神，不断推动中国与文莱深度合作，实现优势互补、互利共赢。

恒逸（文莱）PMB石油化工项目是中文两国战略合作伙伴关系的重要纽带，是中文两国共建"一带一路"的合作典范。该项目历经两年建设，以"中国标准"打造"中国名片"，高标准、高质量建成达产，将滩涂荒岛变成了"石化基地"。

第 1 章

一带一路

连接海上石化项目

2013年9月7日，习近平在哈萨克斯坦纳扎尔巴耶夫大学发表演讲，首次提出共同建设"丝绸之路经济带"的倡议。同年10月3日，习近平在印度尼西亚国会发表《携手建设中国——东盟命运共同体》的主题演讲，首次提出共同建设"21世纪海上丝绸之路"的倡议（以下简称"一带一路"）。在"共商、共建、共享"的原则下，我国与"一带一路"沿线国家共同打造国际合作新平台，为全球的经济发展注入新动力。

作为东盟十大成员国之一的文莱达鲁萨兰国是东南亚主要的产油国和世界主要液化天然气生产国，石油产量在东南亚居第四位，液化天然气出口量在世界排名第九位，石油天然气是文莱的经济支柱。然而，单一资源禀赋也令其国民经济陷入了对上游开采业的过度依赖，导致经济体系易受国际能源市场波动的冲击，显现出脆弱性。这一长期存在的经济挑战促使文莱政府积极寻求转型之路，力求通过经济多元化来减轻对油气资源的单一依赖。在此背景下，文莱政府先后提出了以港口建设和工业园建设为主的"双叉战略"和文莱中长期发展规划（即"2035"宏愿），旨在吸引外资注入，推动产业升级，增强经济发展的可持续性。因此，开发建设大摩拉岛（Pulau Muara Besar，简称PMB岛）成为关键一环，通过将其打造为一个集油气下游工业与基础设施于一体的综合性石化产业园区，提升国家经济的韧性和可持续性，为文莱的长远发展奠定坚实基础。

中国能源项目历经数十载的深耕细作，已构建起一套涵盖设计、建造至运营全链条的成熟技术标准和建造经验，同时，相关材料、设备及装备的生产产业链也实现了高度配套与完善。凭借着文莱丰富的油气资源及中国企业强大的能源项目建设能力，在中国"21世纪海上丝绸之路"和文莱"2035宏愿"的背景环境下，恒逸（文莱）PMB石油化工项目应运而生，成为首批"一带一路"的重点项目之一，受到两国政府的高度关注。

习近平主席在名为《携手谱写中国同文莱关系新华章》的署名文章中指出：恒逸文莱石化、"广西－文莱经济走廊"两大旗舰合作项目顺利推进，来文莱投资兴业的中国企业日益增多，为文莱经济多元化发展发挥了积极作用。

中文两国发表《中华人民共和国和文莱达鲁萨兰国联合声明》，声明中强调：两国元首同意进一步深化经贸投资合作，落实好双方签署的加强基础设施领域合作的谅解备忘录，推动恒逸文莱大摩拉岛石化项目合作安全顺利开展。

第 2 章

海岛开发

建设石化产业园区

根据文莱"2035"宏愿，文莱政府大力开发大摩拉岛（即 PMB 岛），希望将大摩拉岛打造成"区域石化产业中心"。恒逸（文莱）PMB 石油化工项目作为大摩拉岛首个大型石化项目，吸引着全球建设企业的目光。国内的优势能源建设企业响应国家"一带一路"倡议，带着人员、技术、装备"驾船出海"，共同推动这座海上孤岛的开发与建设。

2.1　项目建设环境

文莱达鲁萨兰王国，简称汶来或文莱，位于加里曼丹岛西北部，北濒南中国海，东南西三面与马来西亚的沙捞越州接壤，国土面积 5765km²。文莱属热带雨林气候，全年高温多雨，一年分为两季：旱季和雨季。每年十一月至次年二月是雨季，十二月份雨量最大。三到十月是旱季。一般年降雨量为 2500 ～ 3500mm，最高气温一般为 33℃，最低为 24℃，平均气温 28℃，平均湿度为 82%。

项目位于文莱大摩拉岛（简称 PMB 岛），PMB 岛原为海上荒岛，岛上无任何基础设施，缺少淡水、无电力供应，经海沙吹填后形成项目建设用地。

2.2　项目装置构成

恒逸（文莱）PMB 石油化工项目是文莱首座千万吨级石油化工项目，一期投资 34.5 亿美元，二期计划投资 100 亿美元。项目一期主要包括 800 万吨 / 年常减压联合装置、220 万吨 / 年加氢裂化装置、150 万吨 / 年芳烃联合装置、100 万吨 / 年灵活焦化装置等 14 套炼油装置以及配套的码头、电站、单点系泊、海水淡化和辅助生产装置，共 127 个设计主项，项目占地 260ha（公顷），原油年加工能力 800 万吨。建成投产后，将在文莱 PMB 形成 2200 万吨 / 年炼油化工一体化基地，有望将 PMB 岛建造成"区域石化产业中心"。相关信息见表 2.2-1、图 2.2-1 ～图 2.2-12。

表 2.2-1　恒逸（文莱）PMB 石油化工项目建设信息表

工程名称	恒逸（文莱）PMB 年加工原油 800 万吨 / 年石化项目			
建设地点	文莱达鲁萨兰国大摩拉岛			
主要使用功能	800 万吨 / 年炼油工程			
资金来源	自筹（恒逸石化占股 70%）			
建设单位	恒逸实业（文莱）有限公司			
设计单位	中石化洛阳工程有限公司、中国昆仑工程有限公司			
验收单位	恒逸实业（文莱）有限公司			
承建单位	中建安装集团有限公司 南京南化建设有限公司 中国化学工程第三建设有限公司 中化二建集团有限公司			
参建单位	镇海石化工程股份有限公司 化学工业岩土工程有限公司 中机国能电力工程有限公司			
合同金额	63.21 亿元人民币			
开竣工日期	2017 年 3 月 28 日 ~ 2020 年 5 月 8 日			
主要装置及规模	生产装置	800 万吨 / 年常减压蒸馏、220 万吨 / 年加氢裂化、330 万吨 / 年连续重整置、100 万吨 / 年灵活焦化等共计 14 套生产装置		
	公用工程	空分空压设施、循环水场、污水处理及回用设施、中心控制室等		
	油品储运	237 万 m³ 油品储运设施（东西部库区）		
	系统工程	全厂工艺及热力管网、全厂供配电系统等		

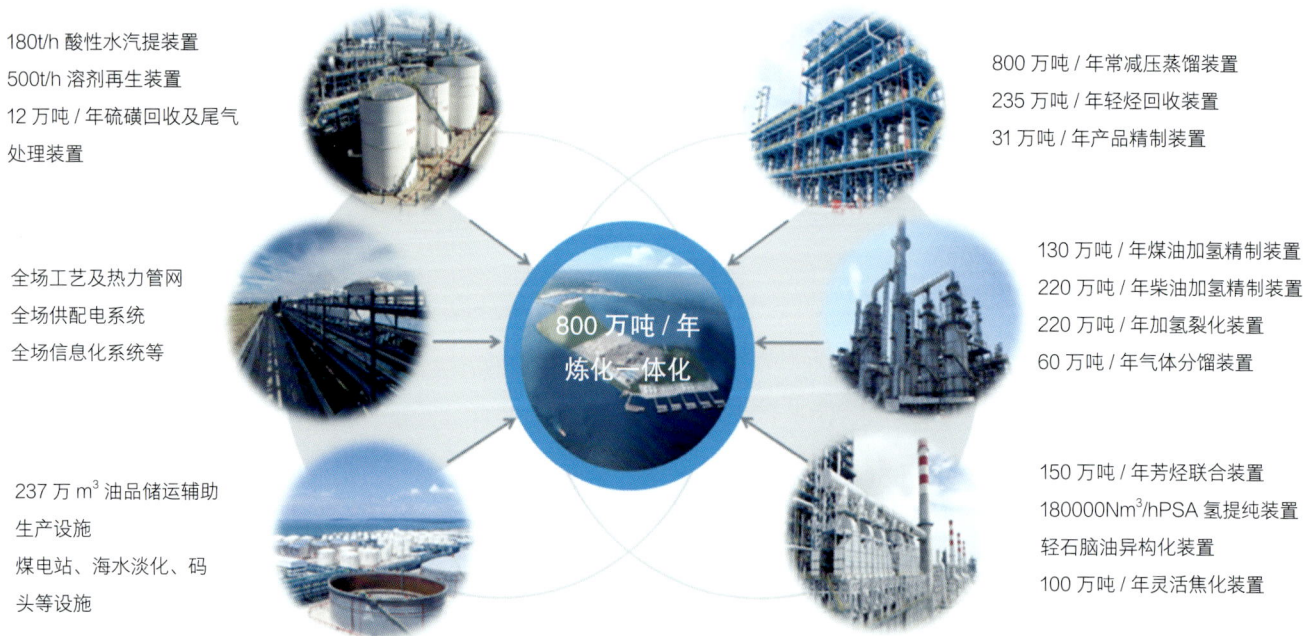

180t/h 酸性水汽提装置
500t/h 溶剂再生装置
12 万吨 / 年硫磺回收及尾气处理装置

800 万吨 / 年常减压蒸馏装置
235 万吨 / 年轻烃回收装置
31 万吨 / 年产品精制装置

全场工艺及热力管网
全场供配电系统
全场信息化系统等

130 万吨 / 年煤油加氢精制装置
220 万吨 / 年柴油加氢精制装置
220 万吨 / 年加氢裂化装置
60 万吨 / 年气体分馏装置

237 万 m³ 油品储运辅助生产设施
煤电站、海水淡化、码头等设施

150 万吨 / 年芳烃联合装置
180000Nm³/hPSA 氢提纯装置
轻石脑油异构化装置
100 万吨 / 年灵活焦化装置

800 万吨 / 年炼化一体化

图 2.2-1　主要装置及规模

图 2.2-2　主装置全貌

图 2.2-3　800 万吨 / 年常减压联合装置

图 2.2-4　220 万吨 / 年加氢裂化装置

图 2.2-5　150 万吨 / 年芳烃联合装置

图 2.2-6　100 万吨 / 年灵活焦化装置

图 2.2-7　60 万吨 / 年气体分馏装置

图 2.2-8　空分空压设施

图 2.2-9　火炬设施

图 2.2-10　火炬气回收设施

图 2.2-11　硫磺回收装置

图 2.2-12　西部罐区

浙江恒逸石化有限公司负责项目总体建设，中石化洛阳工程有限公司负责总体工程设计，项目全厂工艺加工流程采用常减压—加氢裂化—芳烃（PX）加工路线，年加工混合原油规模 800 万吨 / 年（300 万吨 / 年文莱轻油，330 万吨 / 年卡塔尔原油，170 万吨 / 年伊朗和卡塔尔凝析油），混合原油在装置内经脱盐脱水及常减压蒸馏后被分为粗石脑油馏分、重石脑油馏分、煤油馏分、柴油馏分、蜡油馏分、渣油馏分等满足后续加工装置要求的物料（图 2.2-13）。其中：

粗石脑油馏分、重石脑油馏分经过经轻烃回收装置稳定得到的稳定石脑油和直馏重石脑油送到芳烃联合装置中重整预加氢单元进行加氢，加氢后的精制石脑油送入 330 万吨 / 年连续重整单元。重整生成油抽提出苯、分离出混合二甲苯后，C7 馏分（甲苯）作为调和汽油组分，催化重整装置副产的富氢气体为后续加氢装置用氢提供了保证。部分芳烃抽提后的非芳抽余油和部分重整戊烷油作为汽油调和组分。

煤油馏分经过 130 万吨 / 年航煤加氢精制装置生产航煤产品。

柴油馏分经过 220 万吨 / 年柴油加氢装置处理生产柴油产品。

蜡油馏分经过加氢裂化工艺装置处理减压蜡油和灵活焦化蜡油，将蜡油馏分最大化地转化为重石脑油，作为 150 万吨 / 年芳烃联合装置的生产原料。

减压渣油馏分经过灵活焦化装置处理，生产焦化石脑油、柴油、蜡油，同时副产燃料气和灵活气做燃料。

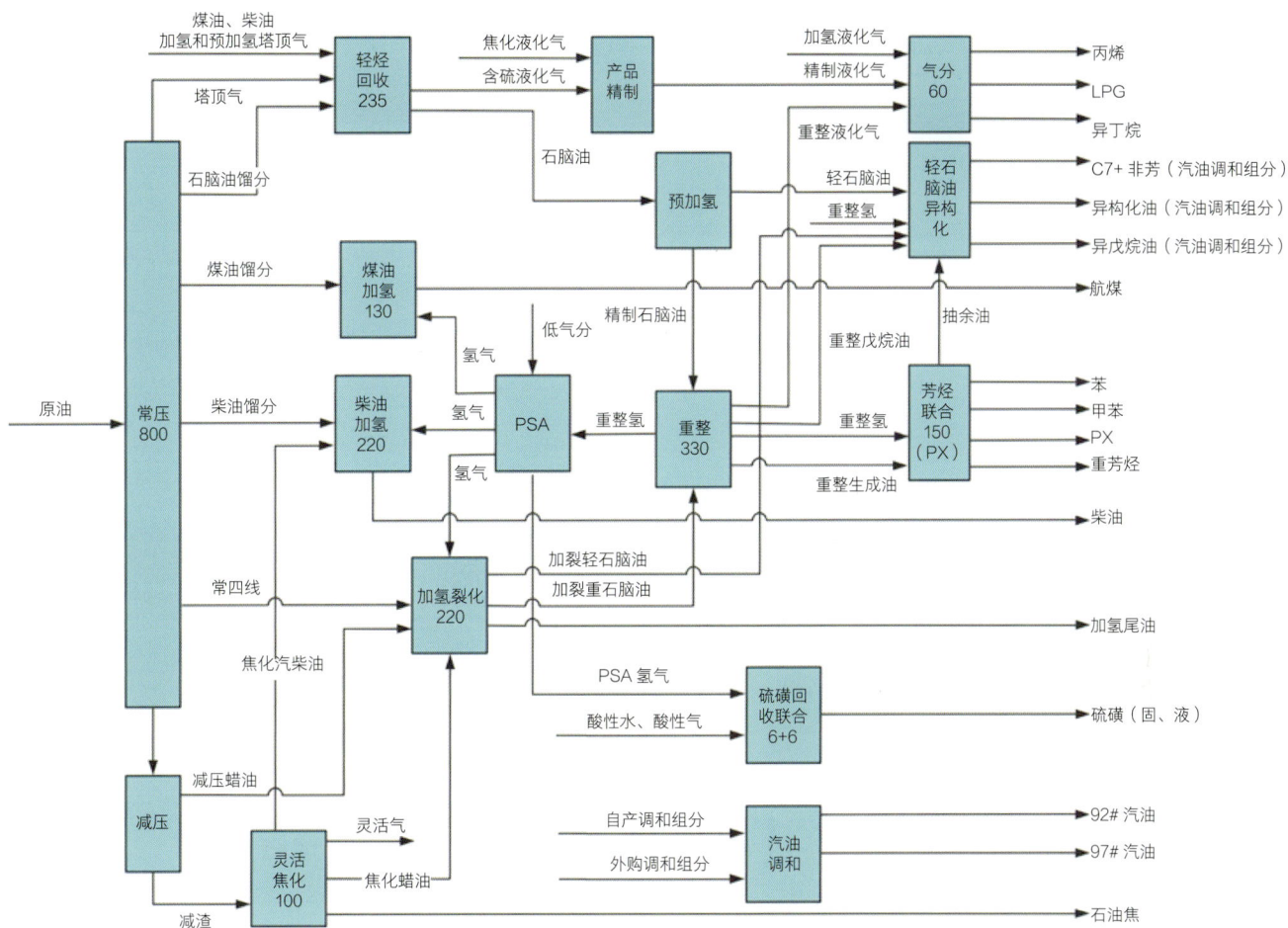

图 2.2-13　炼油加工工艺流程图（单位：万吨）

项目采用"小油头、大芳烃"的工艺路线，炼油部分提供优质重石脑油用于生产 150 万吨 / 年 PX（对二甲苯）目标产品，同时生产 130 万吨 / 年煤油、200 万吨 / 年柴油产品及少量汽油产品。其中 PX 产品全部销售给国内 PTA（精对苯二甲酸）工厂，汽柴油在满足文莱市场需求的同时，面向国际市场销售。

第 3 章

推广标准

打造精品工程

恒逸（文莱）PMB 石油化工项目是中国建筑第一个全面采用中国标准，由中国企业负责设计、制造、施工并运营的大型海外石油化工项目。项目采用国内外多项先进的化工工艺技术，专项工程技术施工难度大，质量要求高，对施工建造技术提出了严苛的要求。

3.1　采用中国设计标准，推广先进化工工艺

项目由中石化洛阳工程有限公司采用中国石化设计标准进行工程设计，设计建成单套规模 350 万吨 / 年连续重整装置和首套 100 万吨 / 年灵活焦化装置，实现产品方案多样性和节能降耗经济性（图 3.1-1、图 3.1-2）。

设计采用中石化工程建设公司的常减压装置减压深拔技术、镇海石化"ZHSR"（ZHSR 为镇海硫磺回收缩写）硫回收技术，建成 800 万吨 / 年常减压蒸馏装置和 12 万吨 / 年硫磺回收装置，提高常减压装置的各类油品回收率和硫磺回收装置的硫回收率，节能环保技术位居国际领先水平，充分体现中国石化设计标准的可靠性和设计水平的先进性（图 3.1-3、图 3.1-4）。

图 3.1-1　350 万吨 / 年连续重整装置

图 3.1-2　100 万吨 / 年灵活焦化装置

图 3.1-3 "ZHSR"硫磺回收装置

图 3.1-4 常减压装置

3.2 采用中国产品标准，树立中国制造品牌形象

项目建造材料主要以国内供应为主，全部采用国内材料及制造标准，全面带动国内材料、国产设备、装备出口，在项目所在国树立了良好的国产品牌形象。同时，通过国内建造材料的大规模应用，为项目所在地构建材料制造标准体系提供了基础条件。

项目开发应用国产大功率流程高压离心泵及 30 万吨级 CALM 单点系泊装置，成功突破国外垄断；首次将绕管换热技术用于重整装置进料换热器代替两台板式换热器，节省投资和设备占地；采用我国自主研发的低温多效蒸馏工艺，整套机组节能技术达到国际领先水平；全场装置采用 129 台高效空冷器，节能降耗效果显著。项目设备国产化率达 99.7%，全面带动国产设备、装备出口，中国制造的先进性得到了当地政府及行业的高度认可（图 3.2-1、图 3.2-2）。

3.3 采用中国施工标准，打造海外精品工程

项目具有高、重、长、大的特点，建造技术要求高。依据石化行业建造安装标准体系，在 BIM（建筑信息模型）技术基础上，有针对性地研发了钢结构及管道工厂化预制模块化安装、超大设备远距离滑移、大口径复合材料转油线安装、超长距离大截面电缆敷设等创新施工技术，实现超高框架、超重设备、超大口径管道、超长高压电缆的安装工作。

应用科技手段，采用钢结构深化设计、工艺管道三维模型、全过程焊接管理系统等软件对钢结构、工艺管道进行全过程施工管理，通过高标准高质量的建造技术，完美地将设计图纸铺筑在大摩拉岛上（图 3.3-1）。

图 3.2-1　加氢裂化高压注水泵

图 3.2-2　CALM 单点系泊装置

图 3.3-1　项目建设效果

3.4　执行中国验收标准，确保项目高标准建造

项目全面采用中国标准进行建造和验收，严格执行国家工程建设强制性标准、中国石油化工行业工程建设标准以及石化行业"三查四定""九完五交"中交验收标准，实现石油炼化装置高水准中间交接验收。同时文莱政府部门派驻质量验收机构 PCT 及安全顾问对工程实体严格验收、操作流程系统检查、交工文件细致核对后，对工程质量认可的同时，对建造及验收标准高度认同，正式签署投用文件。高标准的中间交接验收为后续高效率的投料试车打下坚实的基础，项目仅用 4 个月就打通工艺全流程，投料试车一次成功（图 3.4-1）。

项目高标准建造、高效率管理、高质量验收、高效率运营彰显了中国标准、技术、装备的可靠性，实质性推动中国装备、中国技术、中国标准"走出去"，在文莱打造中国建造海外名片。

图 3.4-1　项目建设完成局部图

第 4 章

优质履约

助力一带一路建设

项目一期于 2017 年 3 月开工建设，2019 年 7 月建成中交，2019 年 11 月投料试车成功并投入生产运营，2020 年 5 月完成竣工验收。项目荣获优秀焊接工程一等奖、国家优质工程金奖、境外工程鲁班奖等诸多荣誉。

项目以"中国标准"打造"中国名片"，过程中坚守中国建筑质量方针，精益求精、久久为功。项目坚守中建质量，创新中建效率，坚持精准服务、精品建造。经过两年的建设，成功将荒岛变成石化基地。项目在建造质量、施工进度及绿色施工方面均赢得了恒逸业主、中国驻文莱大使馆及文莱政府的高度评价与广泛赞誉，彰显了中国建筑以卓越品质、高标准执行首次进军"一带一路"东南亚石油化工市场的决心与实力。

项目一期工程顺利投产后，不仅承担起文莱油品战略储备与市场稳定供应的重任，产品还远销多国，展现了强大的市场竞争力。2021 年加工原油及辅料 883 万 t，实现销售总额 53 亿美元，产值占文莱 GDP（国内生产总值）的 7.5%，为文莱经济复苏和多元化发展做出了重要贡献。此外，项目还带动了下游产业的投资热潮，促进了相关产业的蓬勃发展，为当地创造了数千个就业岗位，并通过与浙江大学、文莱大学等顶尖学府的合作，为文莱培养了一批化工领域的专业人才，具有显著的社会效益。

项目一期工程成功建成，为巩固中文两国战略合作伙伴关系持续发展、加强两国共建"一带一路"合作发挥了重要作用，极大助力"中国—东盟东部增长区（东增区）"发展，有力推动了双方 2035 年远景目标的实现，谱写了中文合作新篇章。

第二篇

谋定而动　探索海外项目组织新模式

　　文莱工业基础薄弱，建设资源匮乏，为了更好地完成项目的建设任务，项目开工前进行了详细的策划，集团公司汇集集体智慧，针对本项目的特点及实施重点环节，探索和研究海外石化项目的施工组织模式，在项目资源储备、进度控制、技术管理、质量安全等方面提供基础保障。

　　项目组织模式的创新围绕施工组织、物资及人员储备、信息管理、沟通协调等施工管理要素进行。制定行之有效的工作程序，保证了各项管理措施落实、落地，确保了文莱 PMB 石化项目的完美履约。

第 5 章

高屋建瓴

组建新型海外石化管理团队

恒逸（文莱）PMB 石油化工项目所处的地理位置、自然环境以及项目所在国的施工资源特点对项目现场履约组织团队的建立提出了较高的要求。团队需要在海外独立实施的情况下，高效、及时解决项目履约过程中出现的问题。

中建安装集团有限公司以"技术先进、质量领先、本质安全、节能环保，建成高价值、清洁化、智能化国际合作示范企业，争创中国建设工程鲁班奖（海外项目）"为项目实施的总目标。

为实现项目总体目标，探索组建新型海外石化管理团队：成立以公司高层领导为主体，优秀石化行业专家为技术支撑的项目管理委员会，作为项目的最高决策机构，搭建国内外联动系统，保障项目高效率推进；组建由精干石化专业管理人员构成的属地公司，作为项目现场实施团队，负责项目的全过程实施；设置国内履约支撑机构负责为项目履约提供资源保障，统筹国内外施工资源的平衡供给。

5.1　成立管理委员会，提高项目决策效率

鉴于当地建设资源匮乏、项目管理各方均为中国机构、项目建设采用中国标准的特点，项目确立了"加大国内的预制深度，搭建国内外的联动机制、精准组织施策"的核心组织思想。为确保国内、国外施工组织协调一致、预制与现场安装做到无缝对接，组建项目管理委员会，提高项目决策效率，保障项目高效率推进。

5.1.1　组建管理委员会的背景

为确保本项目的优质履约，优化整合了集团内优质的石化板块履约资源投入本项目的实施，参加实施的单位涉及中建安装旗下多家区域、专业公司。鉴于项目实施的特殊性，涵盖范围广、资源调动量大，为满足项目实施中高效决策、精准施策的要求，集团公司成立了项目管理委员会。

5.1.2　项目管理委员会的架构及职能

1. 项目管理委员会构架

管理委员会设 1 名主任，1 名副主任，3 名委员，统筹项目重大事件的决定；并由 3 名石化专家组成技术委员会为项目管理委员会提供支持。

2. 项目管理委员会主要职能

项目管理委员会负责管理项目总体战略目标的制定，统筹采购策略、项目重大事项决策、项目资金协调，推动项目管理专业化，大大提升了决策的质量和效率。

在项目管理委员会的统筹下，国内外项目部以现场实际需求为目标定期组织会议，加强沟通、协调、联动，保障了项目资源的顺利输送和接收，确保建设所需三要素人、机、料由国内顺利、高效输送到项目，为工程完工后部分机械、材料回运提供了一条通道，满足了项目的需要。

5.2　建设项目公司，融入地域文化

5.2.1　建立项目公司的背景

近年来，文莱政府逐步加大实施经济多元化战略部署的力度，计划大力向油气资源加工的下游方向发展，但现阶段对油气加工项目实施在管理体系、资源、技术等方面还存在一定的困难。

1. 中国与文莱体系制度差异大

文莱在地理位置、宗教信仰、风俗习惯、文化科教、政治经济等各方面相较中国差异极大，建设环境和建筑行业国家监督管理机制与中国存在很大的不同。中国建筑行业实行资质许可制度，而文莱当地建筑企业相对较少，对施工企业的管理没有完善的法律、法规体系，缺少明确的施工资质认定规定，对外国施工企业的准入制度没有相对应法律法规，因此造成了中国施工企业与当地政府的沟通与协调较为困难。

2. 项目所在地建设资源匮乏

项目所在地 PMB 岛为原生态岛屿，四面环海，地质复杂，属热带海洋性气候。项目建设内容不仅包括主装置建造，还包括吹沙造地、航道疏浚，新建码头、电站、海水淡化、污水处理、通信基站、消防等设施，工程量巨大。文莱当地建设资源与中国相比有较大差距，由此导致 PMB 项目实施所需的机械、设备、材料均需进口，甚至于建设所需的水泥、沙子、石子都需进口。基于文莱特殊的项目建设基础条件，需要成立属地公司，以充分利用当地有限资源、接受国内建设资源的出口。

3. 满足施工资质属地化转换要求

文莱政府要求国外建筑企业联合当地建筑企业实行施工资质属地化转化，需要成立属地公司以发挥本地企业的地域优势，解决第三方劳务和资源的使用主体问题，促进文莱当地人员的就业，使项目建设符合文莱政府地方税务和贸易的需要；通过中国建筑企业与本地企业联合成立属地公司，实现国内出口占主导转变为属地公司进口为主导，缩减了人员签证、物资报关、清关的中间部分环节，加快了施工资源组织的进度。

针对项目所在地特殊的人文、政策、地理环境和资源禀赋，为符合当地政策要求，有效融入当地风俗，及时把各类资源组织到位，提升项目管理效率，公司与文莱经济发展局、环保局、水资源局、能源局等政府部门就 PMB 石油化工项目达成共识，同时与文莱外交部、中国驻文莱大使馆对接沟通，经中国建筑股份有限公司批准，成立了中建安装（文莱）有限公司（项目公司），全面负责项目的现场施工，统筹现场资源，对接国外施工现场业主，引导国内项目部

的工作方向。

5.2.2　项目公司组织架构

根据项目总体策划，项目公司是项目现场履约的实施团队，负责项目现场实施组织及国际施工资源的调集。项目公司按照石化项目建设组织标准组建，设置计划控制、HSE 管理、技术管理、质量管控、物资采购、后勤保障等职能部门，形成横向到边、纵向到底的项目管理体系（图 5.2-1）。

5.2.3　项目公司主要职能

项目公司在项目管理委员会的指导下，发掘项目属地资源，全面负责项目的现场实施，对接国外施工现场业主，引导国内项目部的工作方向和节奏。

1. 负责项目建造过程的管控

根据项目总体目标的要求，进行项目实施策划，明确项目目标及实施路径；按照实施策划要求，进行项目进度、HSE、质量、技术、成本等要素的管理；配合业主进行装置试运行和交付。

2. 负责国际施工资源的组织

项目公司发挥注册在当地的区位优势，调研和挖掘项目所在地的施工资源，对项目的资源组织起到了补充作用。

（1）国外劳务资源发掘

文莱总人口 43 万，其中华人 4.64 万，约占总人口的 10.80%。文莱社会福利待遇优越，本国接受过良好教育的公民普遍愿意供职于政府部门，当地劳动力资源短缺，普通劳动力技能有限。

项目部在项目实施过程中，根据文莱政府 LBD（当地商业发展）计划，招聘当地工程管理人员，共吸纳 170 余名文莱当地员工。通过制度培训、经验分享、技能培训、考试合格后，安排到项目资料管理、签证办理、仓库管理、材料采购、后勤保障等岗位，充分利用当地员工的语言优势沟通协调地方关系，此举为文莱培训了石化技术型人才，缓解了当地政府的就业压力。

属地公司对周边马来西亚、印度尼西亚、印度、菲律宾以及孟加拉等国的劳务资源进行了充分的调研，根据项目资源需求，通过第三方劳务市场引进 20% 左右的孟加拉劳务，约 360 人左右，主要承担简单施工任务或在中国技术工人的带领下进行配合工作。

（2）国外机械、材料资源发掘

项目开工前对当地和周边国家市场进行调研，建立了项目所在国和周边国家资源信息库，为后续机械、材料的采购和供应提供了备选渠道。

考虑地域和运输情况，混凝土选自文莱当地两家供应商；石子、沙子、水泥以及各种砌块则选自马来西亚的供应商。机械设备维修保养选用国内大型机械厂商在当地设置的驻外租赁公司，选用部分当地供应商作为零配件的应急备用资源。

项目经理
Project Manager

HSE 经理
HSE manager

财务部
Finance department
出纳 Cashier
会计 accountant

HSE 管理部
HSE department
HSE 组 HSE team
施工现场保卫 Construction site security

质量总监
Quality supervisor

QA/QC 管理部
QA/QC department
安装质量组 Install the quality team
土建质量组 Civil construction quality Team

项目副经理（现场）
Deputy project manager (Construction site)

物资采购部
Material purchasing department
仓库管理员 Warehouse keeper
清关组 Customs clearance team
采购工程师 Purchasing engineer

综合管理部
Integrated management department
后勤保障组 Logistics support team
翻译组 Translation team
劳务管理员 Labor services administrator

项目总工程师
Project chief engineer

工程管理部
Project management department
资料员 documenter
机械设备管理员 Mechanical equipment manager
焊接责任工程师 Welding responsible engineer
给排水专业工程师 Water supply and drainage engineer
仪表专业工程师 Instrumentation engineer
电气专业工程师 Electrical engineer
管道专业工程师 Piping engineer
设备专业工程师 Equipment engineer
钢结构专业工程师 Steel Structure engineer
土建专业工程师 Civil engineer
测量工程师 Measurement engineer

控制经理
Control manager

项目控制部
Project control department
工程计算统计员 Engineering measurement statistician
计划工程师 Planning engineer
合同管理员 Contract controller
费控工程师 Cost control engineer

项目副经理（公司本部）
Deputy project manager (Company headquarters)
项目国内协调组 Project internal Coordination team

施工作业队
Construction Labor Teams

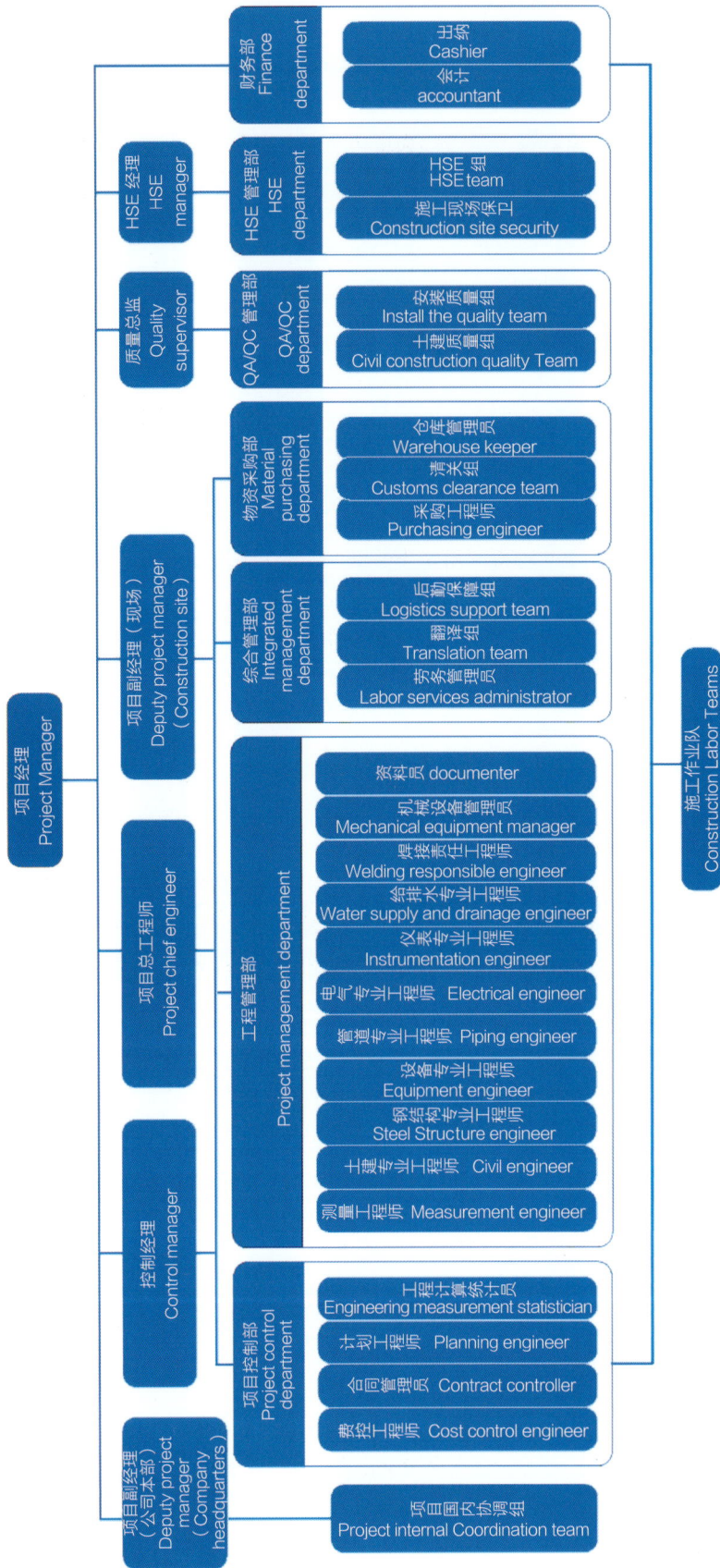

图 5.2-1　项目公司组织架构

5.3　设置国内履约支撑机构，保障项目运行

在项目管委会大框架的基础上，设置国内项目部，负责国内资源的调配和对接，同时服务属地公司。其主要职能是快速响应业主需求、与设计高效沟通、对接集团管理部门、国内施工资源协调、国内预制厂的管理等。

5.3.1　沟通国内业主，畅通沟通渠道

按照业主对项目的整体策划，项目所需劳务资源的组织、考核录用，材料设备的采购、预制、驻厂监造、验收、催交、集港以及报关都在国内进行，业主专门成立了国内项目部负责国内工作的实施。

1. 协调劳务资源的考核

按照与业主及相关管理方商定的技术工种考核招聘机制，在国内联合相关方设置技术工种考核机构，按照项目实施所需劳务资源的需求针对特殊工种进行选拔和考核，分别设置了焊工、架子工、电工等考核机构。分为证件审核、人员面试、现场实操、考后评定、颁发合格证等一系列流程，通过劳务资源的考核为项目选拔了充足的优秀的劳务资源，保障了项目的顺利实施。

2. 协调材料设备采购、监造

项目建造材料主要以国内供应为主，国产设备占 99.7%，及时准确的材料供应是项目成功的保障。国内项目部负责接受国外项目部的物资需求计划，在业主国内团队的协同下，进行国内材料设备品牌确定、厂家选择、合同签订等工作。国内项目部与业主方组成物资采购、监造工作组，对国内供应的材料、设备进行全流程监管。根据前方的进度安排协调材料的及时采购、保质保量的供应。对重点管控的材料、设备进行驻场监造；对国内的预制构件进行场内预拼装，以确保现场安装的准确性。

3. 协调材料设备的集港、报关

项目所需从国内采购的材料设备全部通过船运发往国外现场，需要经历打包、集港、报关、装船、发运一系列流程才能到达。为确保几十万吨的材料、上万台的设备按照项目需求有序的发往现场，国内项目部与业主国内管理部门联合成立协调机构，分别代表物资出口方、进口方共同协调全流程管理。确保从材料设备统计、集港顺序、轮船安排到报关等各个环节都在管控的范围内。

5.3.2　配合设计，提升优化效益

恒逸（文莱）PMB 石化项目的设计单位为中石化洛阳工程有限公司，设计是项目实施的源头。项目的图纸催交、技术标准认定、方案的拟定以及材料表的优化，都需要在施工前期与设计院进行充分的沟通与精心策划，策划的成果直接影响项目的实施效果。提升与设计单位的沟通、协调效率是提升项目履约质量的重要基础。

1. 图纸催交

国内项目部派遣专人常驻设计院，沟通施工现场，及时向设计院提出现场图纸需求，设计院根据要求调整出图进度，保障现场施工。

2. 技术标准认定

与设计院通过会议、邮件等方式，确认各专业的设计、制造、施工标准，统一按照国内标准执行。

3. 技术方案确认

通过与业主和设计院交流沟通，确认重点工艺技术方案，施工中重点、难点的实施方案等。

4. 管道及结构深化设计交流

项目部与设计院共同合作，配合设计院构建模型，分解框架节点，细化模型支点，对工艺管道图纸进行拆分，将预制口、固定口以及管道预留长度都进行了标注，将模型图转化为制造图，提前介入，提高了预制效率，取得了良好的效果。

5.3.3　对接公司，提高管理效率

本项目体量大、履约风险大、沟通协调事务繁多，且项目建设地点远离企业总部，公司各层级间的沟通与协调尤为重要。

为提升项目实施过程中的协调效率，及时化解履约过程中的风险，国内项目部承担与总部部门协调职能，满足各要素合规化管理的要求。在分包商招采、材料设备采购、资金支付、人员派遣调动、技术方案报审等环节，与总部部门协调联动、高效对接，支撑项目履约。

1. 定期会会议

定期召开项目例会，汇报工作进度，讨论存在问题，布置下一步工作。

现场会：利用早班会等，举行现场会议，即时安排工作。

专题会：针对特定议题组织会议，如技术难题研讨、材料协调进度、安全会议等。

2. 采用即时通信工具，及时联系

使用电子邮件、专业协作办公软件来实现信息的快速传递和反馈；设立专门的联络热线，以便在紧急情况下迅速联系相关人员。

3. 专人负责，确保不遗漏

指定专人负责邮件接收、分类和回复，确保信息不会遗漏或延误处理。在项目部设立专职协调员，负责与总部各部门之间的沟通，保证信息的准确性和及时性。

5.3.4　服务国外，提供资源支撑

国内项目部服务中建安装（文莱）有限公司（属地公司），重点工作是为项目资源调集、输送做好保障。在项目建设过程中保障国外项目部施工资源能够按计划及时、高效配置，确保项目建造效率。

1. 提供劳务资源支持

石化项目的实施所要求的劳务资源多为特种作业人员，技能水平要求高。尤其是焊接作业人员，技能水平要求更高；本项目属于海外项目，需要考虑项目所在国家的宗教礼仪、风土人情的情况，选择满足思想道德、生活习惯等要求的从业人员。国内项目部按照项目实施人员策划方案，组织、储备了相当数量的人力资源，按需派往国外施工现场。

为满足项目劳务资源的需求，发挥公司产业基地优势，整合公司的压力容器设备制造厂、钢结构制造厂的专业人才优势，配备先进的焊工培训、考核基地，为项目实施选拔优秀劳务资源。通过问答、面试、实操等一系列流程，组织各类专业施工人员 1800 多名，为项目施工提供了强有力的劳务资源保障（图 5.3-1）。

由于劳务资源从组织到出国的周期长，对所需劳务资源要进行专业考核、出国体检、面试，全部合格后将办理人员签证，整个周期在 2 ~ 3 个月左右。同时，劳务资源经常面临人员更换、时间档期不符等不确定因素。为确保劳务人员的配置满足现场需要，国内项目部建立了考评合格人员管理台账，对于不需要立即前往国外施工现场的劳务人员，提前安排进入国内预制厂工作；同时依托公司其他项目，将剩余合格的劳务资源安排在国内同类在建的工程项目上，随时可以抽调前往国外施工现场，为项目劳务资源的稳定性创造了条件。

根据项目公司反馈的信息，国内项目部提前储备劳务资源、完成劳务人员的面试、宣讲、考核、签证办理，统筹安排人员出国计划，保障国外现场劳务资源。

2. 提供管理及技术资源支持

在管理人员的组织与储备方面，项目发挥集团统筹优势，在全公司现有石化类管理和技术人员中选派 130 多人组成国内外项目部。项目实施过程中，根据施工需求，及时调整项目

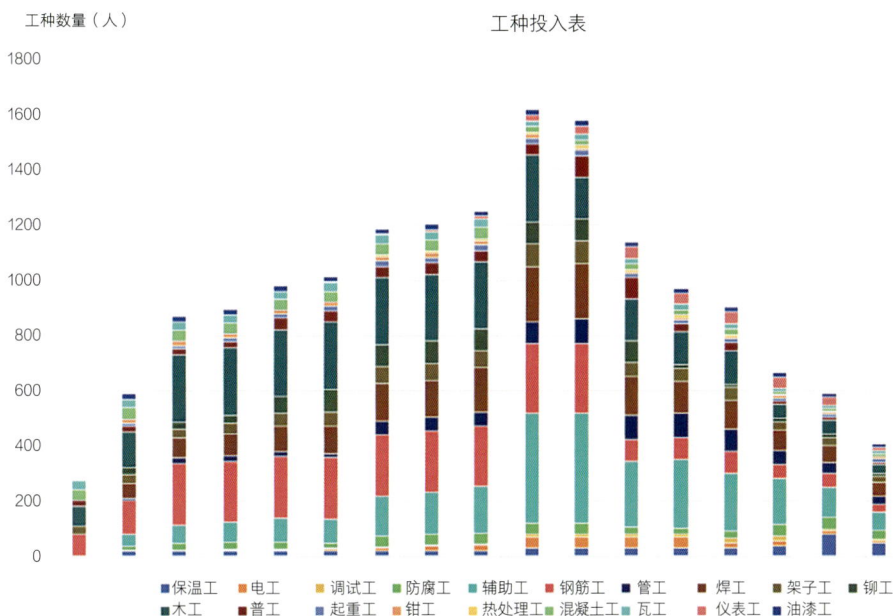

图 5.3-1　各类工种数量图

管理人员，保障项目现场有充足的管理力量。同时，配备 3 名公司资深石化专家，组成"文莱 PMB 项目技术支持团队"，为项目实施保驾护航。

在技术文件支持方面。国内项目部按照施工进展情况，定期开展专业培训活动，提升技术人员对标准、规范及现场实体进展的熟悉程度，做到到项目现场即能投入工作；组织关键技术方案、危险性较大工程方案的编制及论证工作，确保方案"五必须"管理落地；实时为项目更新所需的标准、规范及类似工程技术资料。

3. 国内工机具资源储备

在文莱当地工程基础条件薄弱、工程所用各类大型施工机械和小型工机具极度缺乏，需要从国内采购或租赁。项目部在施工前期按照项目进展周期依据同类项目施工经验，编制了项目工机具需求计划。根据工机具的采购、运输、报关、上岛等环节的周期，做好国内资源的储备、预留足够的准备周期，保障现场工机具的准时到达。

（1）大型机械设备的组织

项目部充分发挥央企优势，整合国内机械设备资源，与国内大型机械设备厂建立战略合作，通过批量采购、短期租赁以及定向加工等模式进行合作。包含起重机、挖掘机、柴油发电机、运输车辆、推土机、铲车、油罐车等。

（2）小型工机具的组织

由优质供应商按需配备和供应，如电焊机、焊条烘干机等，直接发往国外项目现场。国内大批量工机具采购和使用带动了国内工机具的出海，为中国机械和机具品牌的输出作出了贡献。

4. 国内材料设备资源储备

恒逸（文莱）PMB 石化项目所用的材料国内采购率达到了 90%，除部分设备甲供外，其余材料全部由我公司通过公司集采平台进行采购。

国内项目部对照设计料表对材料分门别类统计制表，发挥集团集采优势，筛选优质供应商，提前备货。通过对深化设计、技术拆解、预制、驻厂督造、催交、验收、报关等环节的把控，保证国内材料的采购、预制和出口顺利完成，确保将材料设备及时准确送达国外施工项目现场。

5. 提供装配化建造资源支持

为提高工程建造质量和效率，本项目钢结构及工艺管道工程采用国内预制、现场组装的施工组织模式。国内项目部负责预制厂加工建造的全流程管理，对原材料的采购、催交、加工预制、预制过程质量监督、运输资源等换环节进行统筹规划。

（1）满足预制加工进度的要求

根据钢结构加工基地的产能情况，分别承担不同装置钢结构的预制加工，项目共设置三处钢结构预制厂。

根据管道预制材质种类和施工组织需要，设置三处管道预制厂。一处主要承担特殊材质的工艺管道的预制加工，便于精细化质量管控；一处设置为普通材质管道的预制加工厂，同时负责管道的防腐工作，兼作大型管道堆场；一处设置为管道防腐厂，对于不需要国内预制加工，仅需完成防腐工作就发往国外的大口径管道，在港口附近单独设置（图 5.3-2）。

图 5.3-2　国内预制厂

（2）降低集港的物流成本

为了节约物流成本，预制厂选址在南京龙潭港及上海罗泾港附近，不仅节约了原材料采购物流成本，还节约了预制件集港外运物流成本。

第 6 章

强强联合

构建项目多方协同机制

影响海外石化项目履约质量的因素比国内项目更复杂。特别本项目涉及输出中国标准、中国技术、中国装备等中国元素，需要更好地构建与设计方、项目其他施工主体的协同平台，形成多方协同机制，为项目优质履约保驾护航。

在本项目实施过程中，在中国驻文莱使馆的引领下，与参与项目建设的相关企业建立了联动机制，在当地资源整合、第三国别施工资源引入等方面也取得了良好的效果，有力地支持了项目履约，体现了央企责任，树立了央企担当，紧跟国家步伐，维护了国家形象。

6.1　以设计为源头，引领海外石化建设

恒逸（文莱）PMB石化项目是全面采用中国标准，由中国企业实施设计、制造、施工并运营的石化项目。为实现中国标准的落地实施，项目以设计为龙头，整合项目施工、物资采购等环节，带动全产业链的高效运转。

本项目的实施以中石化洛阳设计院为牵头方，组织项目施工、物资采购等领域的专家，编制项目管理手册。在国家标准、行业标准的基础上，结合本项目的具体特点，进一步明确了本项目的实施细则。细则内容涵盖执行标准、过程检验试验管理、关键过程控制等内容，确保项目各参与方协同一致。

项目的优质建造及达产是对中国标准的最佳认可，为中国石油化工项目走向国际迈出了重要一步，也是中建安装在海外石化项目建设的良好开端，为"一带一路"建设做出了突出贡献。

6.2　以履约为目标，搭建多家企业海外协作平台

石化项目是人、材、机密集型项目，且海外项目实施存在资源协调、文化融合等特性问题。在项目实施中，需要项目实施各方共同搭建协同平台，以提升管理效能。

在本项目实施过程中，高峰期一万五千多人，由三家央企和一家实力较强的民企实施。中建安装作为中国建筑专业化公司的排头兵，在项目实施过程中充分发挥央企优势，协助业主搭建多家企业参与的海外协作平台。

通过定期会议、业主会议的形式，在资源方面协作共享：

（1）材料资源共享：通过信息共享和协调，在各个单位之间实现物资材料的优化配置，减少因物资短缺导致的停工待料情况。

（2）技术工人相互支援：特殊材质的焊工数量有限，通过人员协调，确保各个单位人员满

足项目需求。

（3）大型机械设备协调使用：岛上大型机械资源有限，通过协调保证项目机械满足使用需求。

（4）共性问题解决：对于项目普遍存在的人员、材料出海等共性问题的解决，通过协同，可以集中力量解决，避免重复劳动，减少资源浪费。

在协同平台机制下，整合各企业优势，解决影响项目实施的共性问题，实现了技术工人相互支援、大型机械设备各方协调使用、物资材料互补等多项工作，为项目完美履约提供了前提条件。

第三篇

科技引领　支撑海外项目优质履约

　　海外石化项目的建造技术要求高、管控难度大，主要体现在国内外资源的有效组织、施工过程效率的提升、项目实施过程中的安全管理等方面。科技引领是降低项目履约风险、实现项目各项目标的重要支撑。

　　为了确保海外石化项目的成功履约，在项目实施策划阶段，公司组织专家团队对项目履约关键环节进行了深入分析，通过新型建造方式和科技创新成果的推广应用来提升履约能力。以数字化管理赋能项目管理效能，确保物资采购及物流、焊接质量控制、劳务人员输出等环节的顺畅运行；通过预制装配化技术提高项目建造效率和品质，确保了项目在进度管理、施工质量和建造成本控制等方面的卓越表现；通过专项技术研发和"四新"技术的应用解决了管道及钢结构装配化施工、超长大截面电缆敷设、大型设备吊装、大口径复合材料管线焊接等关键技术难题，全面提升施工效率、品质建造及安全管理的能力。

第 7 章

打造专用平台

提升资源协调效率

本项目的材料国内采购率达到了 90%，劳动力资源大部分来自国内。设备材料从货源到施工现场，需要经历质量评价、招标采购、集港运输、海关报关等环节，涉及的流程复杂；劳动力资源从招募、培训考核到出境等环节涉及的影响因素较多。为保证项目履约资源及时、充足地投入，需要打造专业资源协同平台，以提高协调工作的效率和质量。

7.1　物资信息化管理平台

7.1.1　物资管理平台建设背景

1. 物资量大、种类多，招采供应管理难度大

本项目体量大，各专业物资采购量巨大，涉及 35000m³ 混凝土、8500t 钢筋、18000t 型钢、设备 890 台套（运输体积 45 万 m³，重量超 5 万 t）、24.34 万 m 各种规格钢管、5.27 万只各种规格管件、1.59 万只各种规格阀门、仪器仪表 1500 台套、线缆 560 万 m、螺栓 23.57 多套、0.75 万 m³ 保温材料等。

2. 跨国采购，采购效率与物流管理效率要求高

文莱当地可以生产提供的主要建筑物资匮乏，项目的设计、设备材料制造、施工、验收均采用中国标准，工程建设所需用材料、设备 90% 从国内进行采购，通过海路运输至项目现场（钢结构、工艺管道原材料在国内预制后形成模块构件运输）。需要对物资招标采购、工厂监造、物流运输等环节进行统筹管理，满足项目高效建造的要求。

3. 物资材质、规格复杂，仓储管理精准化要求高

本项目除了大体积设备直接进入施工现场外，其余材料设备全部进入项目仓库保管。项目材料设备多，材质、规格型号复杂，项目仓库接保检工作非常繁重。同时，进场物资的收发存数据统计工作量巨大，依靠传统的手工登录物资保管台账或使用 EXCEL 表进行数据统计，无法满足项目的物资管理需求。

7.1.2　物资管理平台的构建和功能

基于本项目物资采购及管理的特点，需要在企业物资管控体系的基础上，优化物资采购、物流运输、现场管理等环节流程，建立一套适合本项目的管理体系，并采用信息化手段，在已有采购平台的基础上升级改造，构建适合本项目的物资采购及管理平台。

为此公司专门对集采平台进行升级改造，形成了从"物资需求""采购计划""招标采购""下单生产""工厂催交""集港发运"，直至达到国外项目的"到港清关""验收发放""库存盘

点"等物资采购供应全链条管理平台，及时为国内、国外项目组提供采购计划编制、招采进展、厂家生产及发货、海运等信息，物资进入项目现场后，所有管理流程全部实施信息化管理，验收、发放、库存数据可实时精准提供，极大提高项目物资的管理效率（图 7.1-1）。

依据物资管理流程在平台上建立了物资管理模块，物资管理模块内容见图 7.1-2。

7.1.3 使用平台的流程

1. 招采流程

根据项目具体要求和人员岗位设置，建立和完善物资采购管理流程，形成国内国外联动的采购管理机制，国外团队根据图纸及时编制需求计划，国内联动国外编制采购计划，经项目经理审批后在云筑网集采平台组织招采，具体流程如下：约标→发标→开标→评标→定标。

定标完成后自动进入集采平台的合同签约环节，大大提高了项目物资采购、签约的效率（图 7.1-3）。

2. 物资计划管理流程

根据本项目物资需用量大的特点，项目制定了《恒逸（文莱）PMB 石油化工项目物资计划管理办法（暂行）》，明确了需用物资按不同区域、专业编制需用总计划，再按照计划进度按月编制月度需求计划，所有物资计划均在集采平台的"采购计划"管理模块中编制及流转审批，对应的采购计划招采进度可实时共享，国外项目组可及时准确了解各类物资采买状态，为项目履约提供坚实物资供应保障（图 7.1-4）。

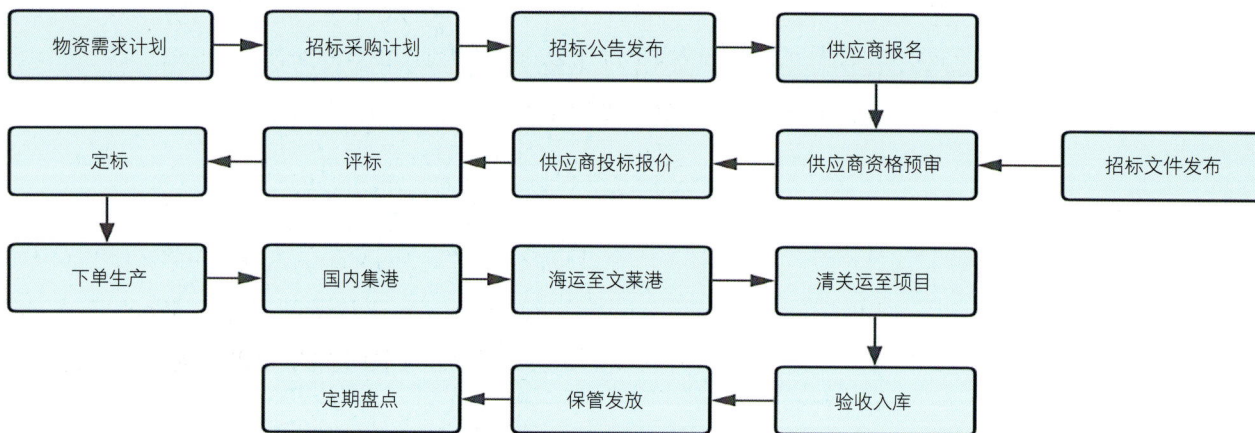

图 7.1-1　物资管理流程

图 7.1-2　物资管理模块

图 7.1-3　招采流程

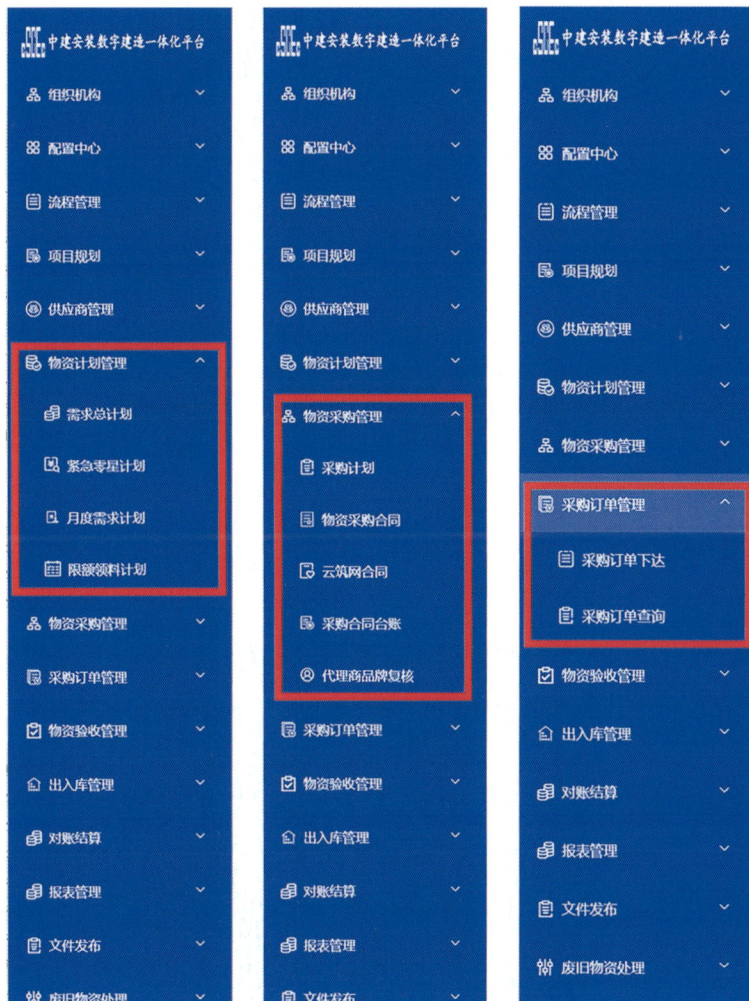

图 7.1-4　物资计划、采购模块

3. 催交及海运物流模块

（1）催交物流管理

2017—2018 年，国内多个大型石化项目开工建设，各类设备、工艺管道阀门、法兰等厂家生产任务紧张，均处于满负荷生产状态，为保障按项目现场物资需求，项目部特制定中建安装恒逸文莱 PMB 石化项目催交管理办法（暂行），明确了需实施催交的设备、材料类别，由采购管理部牵头实施催交工作。

根据项目施工组织计划，重点策划长周期设备材料的生产、物流规划。以此为基础，督促生产厂家制定月度生产计划及物流计划。自 2017 年 6 月起，按照计划，业主方、我公司安排多名专职催交人员，分头在各类长周期设备、阀门、管件等厂家实施驻厂或不定期赴厂催交，落实厂家每月生产计划。物流组根据每月的船期制订物流发运计划，跟踪厂家生产、出厂检验、包装、发货等各环节进展，并将各项数据及时上传至集采平台"催交发运"管理模块。国内外均可在平台上实时查询各类物资的生产及发货状态，为文莱现场生产计划编制及实施提供有力支撑。

（2）出口及海运管理

项目部按照生产计划对应的物资需用时间，结合国内物资集港、报关、海运以及文莱清关时间，制订物流集港及发运计划，并上传到"催交发运"模块；物流组安排专门人员负责出口及海运各环节，根据物流运输进展，在模块中实时更新已订货物资的集港、国内发运、到达文莱、文莱清关、进入项目现场时间。确保国内采购的各项物资准时运达文莱 PMB 石化项目现场，保障项目施工物资需求。

物流组每周发布国内发船计划，前后方项目组共享信息。国内物流组依据供应厂家生产计划预估发运货物重量及体积，提前预订仓位。上海港口驻港物流人员参与所有集港物资点验，装船核对，确保集港、装船物资的实物与装箱编号匹配且准确无误。

截止项目完工，从国内累计发运钢结构、预制管段、管阀件等 70 余万计费吨、集装箱 390 余只。

4. 物资进场及仓储管理流程

国内海运船至文莱后，文莱前方物流组人员及时联系货物代理公司对接当地海关进行清关工作，清关后的物资经道路运输转运至项目管材管段堆场、阀门库、综合仓库进行验收及入库，建立到货验收台账实时记录到货情况（图 7.1-5）。

物资进入项目现场后通过平台"仓储管理"模块实施管理，包括物资验收、发放、盘点、对账等内容，可实时查看项目到货、发放、库存等数据，并可按时间段、项目区域、专业等进行数据统计，查询进场、使用等情况，大幅提升物资管理效率，为项目施工生产提供物资供应保障（图 7.1-6）。

主要包含业务如下：

（1）进场物资实施验收入库；

（2）按照限额计划发放物资；

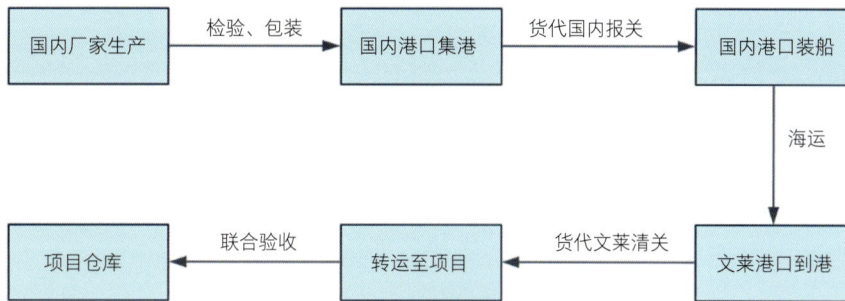

图 7.1-5 物资进场管理流程

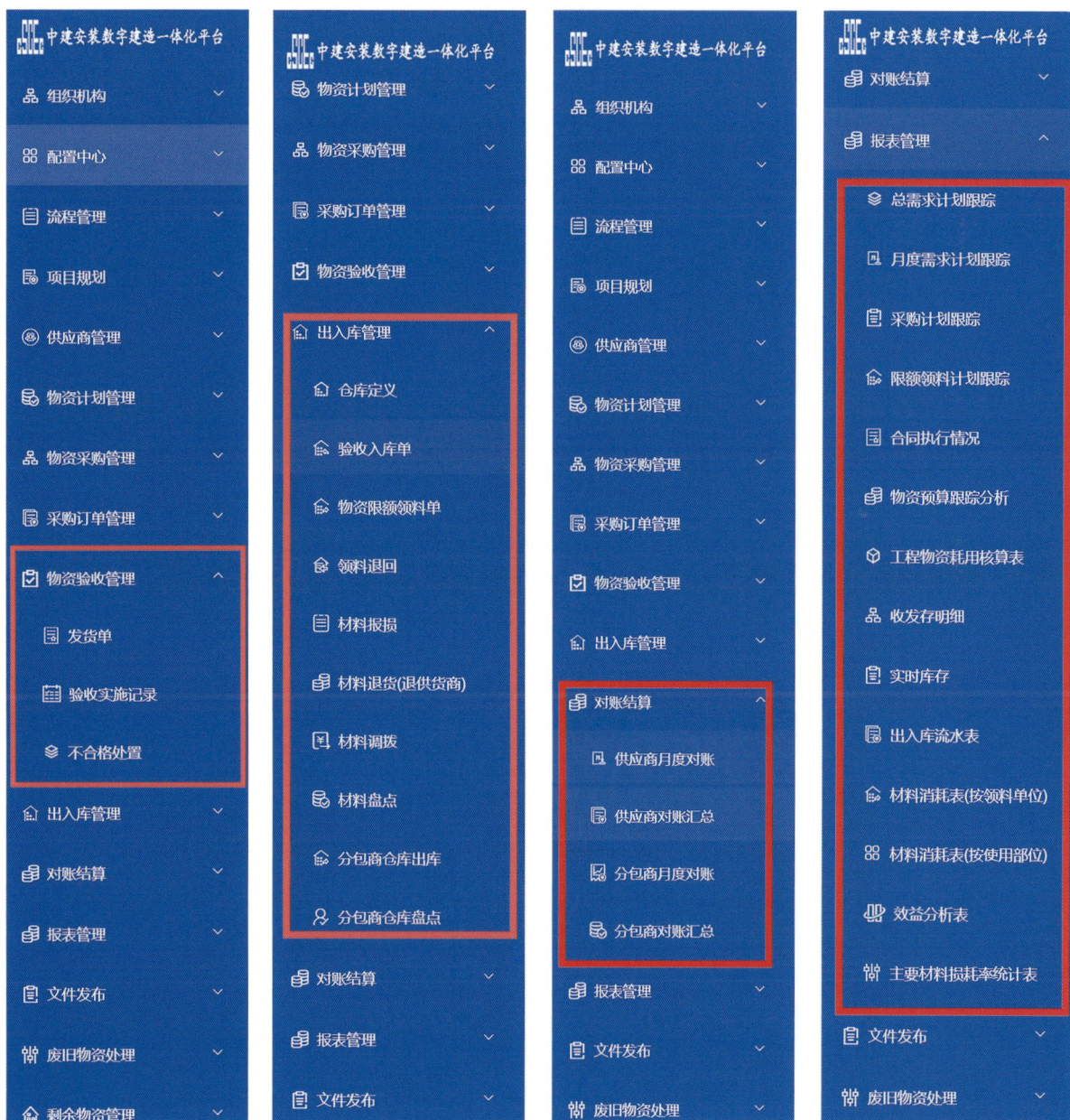

图 7.1-6 物资进场管理模块

（3）定期实时库存物资盘点；

（4）供应商、分包商 / 作业班组领料对账；

（5）自动统计各类物资管理报表。

7.2 出国人员数据平台

7.2.1 建立数据平台的背景

1. 建立数据平台的必要性

施工人员出国的要求在满足一般人员出国条件的基础上，重点关注人员输出信息的及时性。由于人员签证办理流程长，中间环节多，每个人的办理节点各不相同，文莱政府审批的签证时间不尽相同，签证情况需要单独设置表格并及时更新；项目对不同专业和工种的需求随着施工进度变化，劳务资源储备情况及劳务需求信息需要实时共享；因此需要建立一个信息交流平台，以满足国内外项目部对人员出国信息共享的需求，保证及时有效地为项目提供信息支持。

2. 人员输出流程

为保障每一批劳务人员安全抵达项目施工现场，项目部制定了一系列标准流程。出国人员线上平台的采用和更新使得整个流程更加清晰和通畅，有效地保障了项目现场的劳务需求（图 7.2-1、表 7.2-1）。

3. 平台模块

根据国内劳务资源的储备和输出程序，建立了相应的人员数据共享模块，包括人员信息录入、培训教育、考试、体检、审批信息、保险办理、签证信息录入等模块，信息及时更新并与业务相关方共享，以利于劳务输出管理各方履行管理责任，为劳务资源及时、高效输出提供技术保障（图 7.2-2）。

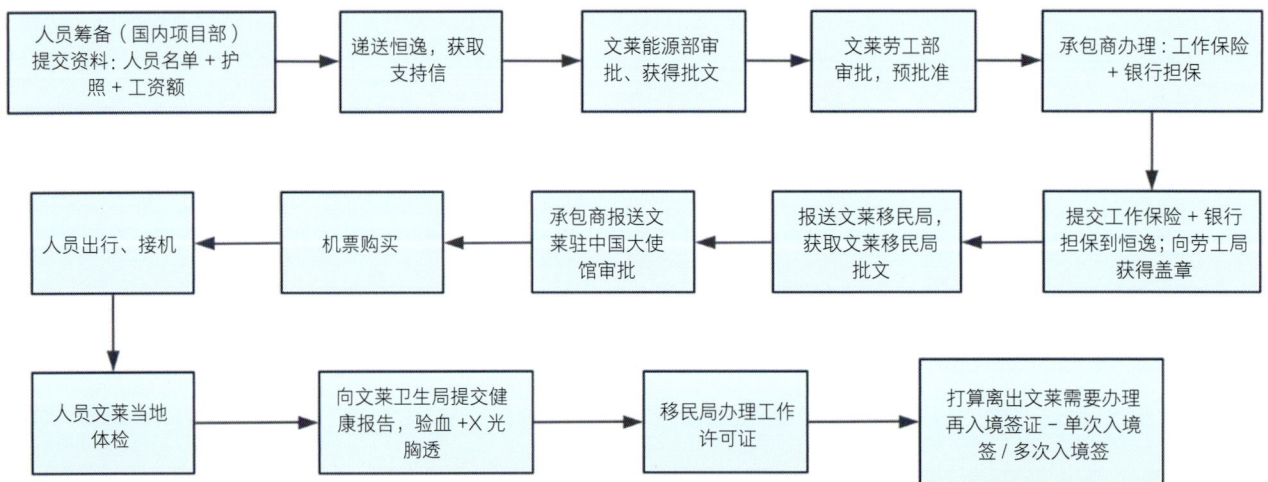

图 7.2-1　劳务人员出国办理流程

表 7.2-1　劳务人员出国流程安排工作及责任人表

序号	主要流程	并行工作	责任部门
1	收集劳务资源上报	部门间实时沟通前批次劳务资源情况	生产管理部
2	递送恒逸	更新未出行人员表 + 签证总记录表	综合部
3	获取恒逸支持信，递送能源部	更新未出行人员表	综合部
		准备该批次劳工部材料	综合部
4	获取能源部批文，递送劳工部	更新未出行人员表，筛选优先递送使馆名单，确认国内使馆资料	综合部、生产管理部
		准备该批次移民局材料、确定出行计划，预订机票	综合部
5	获取移民局批文，递送大使馆	更新未出行人员表，筛选排查未递送人员	综合部
6	获取使馆签证，快递护照体检	更新未出行人员表 + 签证总记录表	综合部

功能

人员信息　　培训教育　　考试　　体检

审批信息　　保险、担保　　签证　　机票入境信息

图 7.2-2　平台模块

7.2.2　数据平台基本功能

1. 国内劳务人员筛选

收集整理和录入拟招聘人员信息，分批次组织人员宣讲文莱当地政策和项目情况，逐个进行面试，确定初选合格人员数据档案；对通过初选的人员分工种进行实际操作考核，根据考核结果进行排序，利用平台的筛选功能，筛选出合格人员后进入下一步（图 7.2-3）。

2. 合格人员进行体检、办理签证

合格人员进行体检，体检合格后进入签证办理程序，同时提供保险及银行担保，国内外签证办理流程较长，涉及国外政府部门多，需专人进行对接和沟通，平台信息随时更新。

3. 按需求派出劳务人员

在签证办理完成后，根据项目现场的需求，派出满足要求的劳务资源。出国前完成出行教育工作，包括：文莱国基本情况介绍（主要包括风俗禁忌、卫生环境、行为法规等）、项目介绍、出行注意事项、入境须知等教育工作。通过平台共享出国人员的信息，为负责接送机等工作的后勤保障人员提供信息支持（图 7.2-4）。

图 7.2-3　劳务人员出国前培训考试

图 7.2-4　劳务人员出行安全教育及出行手册

第 8 章

推进新型建造方式

提升海外项目精益建造能力

　　针对恒逸文莱 PMB 石油化工项目建设地点特殊性，积极探索工程建设与数字建造、智能制造、绿色低碳等新兴产业有机协同发展，推动工程建设从传统模式到"工厂化智造 + 装配化安装 + 智慧化管理"的新型建造方式转变。项目的钢结构、加热炉、气柜、火炬、工艺管道等均采用国内工厂化预制 + 国外装配化安装的施工组织模式，通过预制模块的划分、预制加工、打包经海运至现场，进行装配化安装，并通过配套的智慧化管理平台，大大提高了现场建造效率，缩短了工期，保障了施工质量与安全。

8.1　工厂化智能制造

8.1.1　钢结构智能加工生产线

　　文莱恒逸项目常减压联合装置钢结构总计 1.1 万吨，钢结构具有预制件种类多、工程量大的特点，钢结构在国内预制厂进行加工，预制厂配备了智能加工生产线。加工流程如下：

　　准备环节（图纸优化→材料统计→材料入库→材料领用→板件排样）→制作环节（智能下料→零件加工→智能分拣→智能成型→构件加工→智能装焊→智能涂装）→收尾环节（质量检查→成品入库→出库发货）。

　　具体步骤见图 8.1-1。

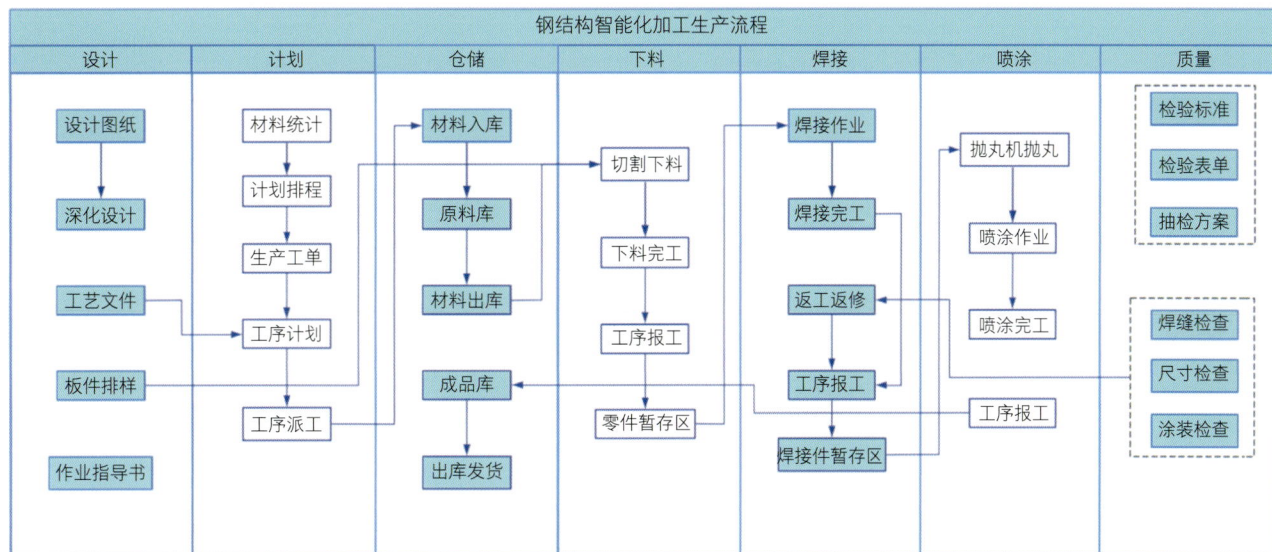

图 8.1-1　钢结构智能化加工生产流程图

1. 原材料处理设备

用于钢材的预处理，如板材矫直、剪切等。

2. 切割设备

（1）数控切割机

采用先进的数控技术，能够切割多种类型的钢材，如 H 型钢、槽钢、角钢等，同时具备划线标识、切割、钻孔等功能，实现高精度、高效率的钢材加工下料。

（2）激光切割机

切割精度高、切口光滑、速度快，适用于薄板钢材的切割。

3. 焊接机器人

通过预设的程序和传感器，能够精确控制焊接过程，提高焊接质量和效率，同时减少人工作业，实现钢结构的自动化焊接（图 8.1-2）。

4. 抛丸设备

通过抛射钢丸来清理钢材表面，提高涂装附着力，延长产品使用寿命。

5. 自动化喷涂设备

采用先进的喷涂技术和设备，提高涂层的附着力和耐久性，同时减少喷涂过程中的材料浪费和环境污染，实现高效喷涂，漆膜厚度均匀、附着力强。

6. 智能化管理系统

资源规划（ERP）系统，通过数字化平台对生产过程进行实时监控和管理，提高生产效率和管理水平，实现生产计划的排程、订单管理、库存控制等。

7. 制造执行系统（MES）

通过传感器和物联网 LoT 设备收集生产数据，为管理层提供决策支持，同时优化生产流程和提高生产效率，实现生产过程的实时监控和调度。

通过钢结构智能加工生产线的配置，体现了钢结构预制的高精度、高效性、灵活性、安全性、环保节能，为项目钢结构安装奠定基础。

8.1.2 石化管道智能加工生产线

常减压联合装置工艺管道主要包括碳钢管、抗 H_2S 碳钢管、合金钢管、不锈钢管和复合管，管道焊接寸口（1 寸口 =1 焊接当量）径约 60 万寸口，管件约 5.27 万件，阀门约 1.59 万台。为了提高管道的预制加工效率采用了智能化管道焊接生产线，集合了数控技术、传感技术、信息技术、机器人技术等，以实现从原材料到成品的全流程自动化控制。主要包括以下设备：

1. 管道自动除锈及防腐设备

管道除锈及防腐设备能够自动化地完成管道表面的除锈、清洁以及涂覆防腐层等工作，从而提高工作效率，降低人工成本，并保证防腐涂层的质量（图 8.1-3）。

图 8.1-2　焊接机器人

图 8.1-3　管道自动抛丸机

2. 管道自动下料机

预制厂配备了管道自动下料机，主要用于管道自动搬运和下料，能够自动地从存储位置取出管道，将管道输送到加工区域，配备有传感器和控制系统，根据图纸及系统内设置的参数，能够精确控制下料的位置和数量，自动进行管道的切割作业，在加工完成后，将管道输送到指定的位置或下一个工序。可以大大提高生产效率，尤其是在处理重型或者形状复杂的管道时，减少人工操作带来的误差，提高作业安全性（图 8.1-4）。

3. 管道坡口加工机

　　本项目存在不同规格的管道，相比手工操作，坡口加工机适应性强，操作相对简单，减少了人工需求；具有更高的加工速度和加工精度，保证坡口的尺寸和质量，减少人为操作误差，减少后续焊接缺陷的发生，能够连续工作，提高作业效率（图 8.1-5）。

图 8.1-4　自动下料机

图 8.1-5　管道坡口加工机

4. 管道管件打磨机器人

主要由三维视觉相机、浮力打磨机构、自动工装夹具和工业机器人组成。打磨前，机器人通过三维点云扫描技术实现对待打磨工件类型、壁厚及坡口角度等特征的提取，并通过与标准数据库的对比，确定去除量及加工工艺，并由专用刀具执行打磨动作；同时，设备搭载了自动离线编程系统，上料完成后无需示教，可实现一键启动智能打磨。管道管件打磨机器人识别精度可达到 0.02mm，打磨精度可达 0.1mm（图 8.1-6）。

5. 管道自动对口机械

管道自动对口机械，配备了不同尺寸的对口夹具，提供稳定的支撑，防止管道在对接过程中发生偏移，将两段管道的端面进行精确对齐，以便后续的焊接操作，能够确保管道对接时的精度，减小因对接不准确导致的焊接缺陷。配备了先进的控制系统，能够实现自动定位、对中和夹紧，将两段管道精确地对接在一起，确保焊接质量（图 8.1-7、图 8.1-8）。

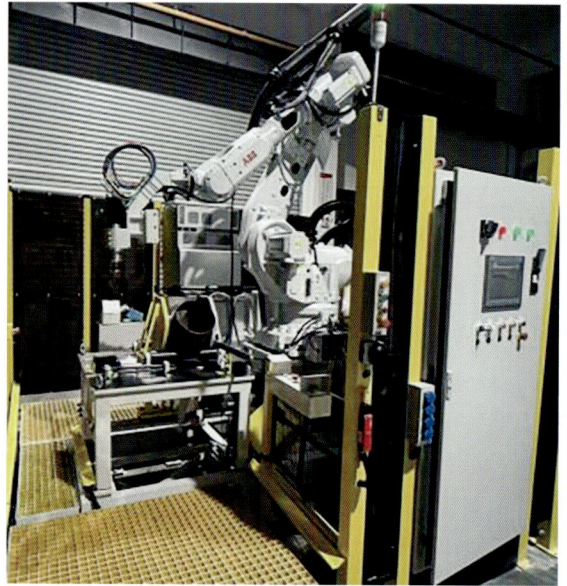

图 8.1-6　管道管件打磨机器人

图 8.1-7　自动对口中心

6. 管道自动焊机

预制厂配备了先进的控制系统的自动焊接机器人（图 8.1-9），焊接参数实时监控和调整，能够精确控制焊接参数，由红外激光视觉、焊缝熔池视觉、电信号传感装置、焊接变位机及工业机器人组成。施焊前，通过焊前激光视觉扫描获取焊缝坡口及组对特征数据，并重构出焊缝三维模型，并根据特征数据自动匹配焊接工艺数据文件；同时，通过智能焊接控制软件实现自适应打底焊接、层道规划及焊接过程质量分析预警，可满足组对间隙 0 ~ 3.0mm、错边量 0 ~ 3.0mm 范围内的碳钢和不锈钢管道 / 管件智能焊接，焊接过程无需人工干预。自动焊接机器人的焊接效率是手工焊接的 3 倍，预制工期缩短了 2 个月，焊接一次合格率达到 99%。

图 8.1-8　机械对口夹具

图 8.1-9　自动焊接机器人

7. 管道焊接生产管理系统

包括管道三维模型转换、焊口自动生成、焊接施工管理平台及焊接数据驾驶舱等模块。通过二次开发技术将管线 PCF 文件转化成三维模型，并在此基础上实现焊口添加及编码；结合管道焊接施工管理特点，开发 PQR、WPS 等焊接技术文件自动匹配、焊工资质校验、无损检测委托以及试压包划分等功能，避免了技术资料的低效重复编制，解决了管道焊口漏检漏报或过程数据记录不及时等问题；同时将焊口坐标信息及过程管理数据进行有效处理，实现对管道焊接进度和质量的可视化管理。管道 PCF 数据模型转化和焊口生成准确率达 95%，实现生产过程焊工资质和工艺文件全过程校验、施工数据与管道模型信息动态关联（图 8.1-10）。

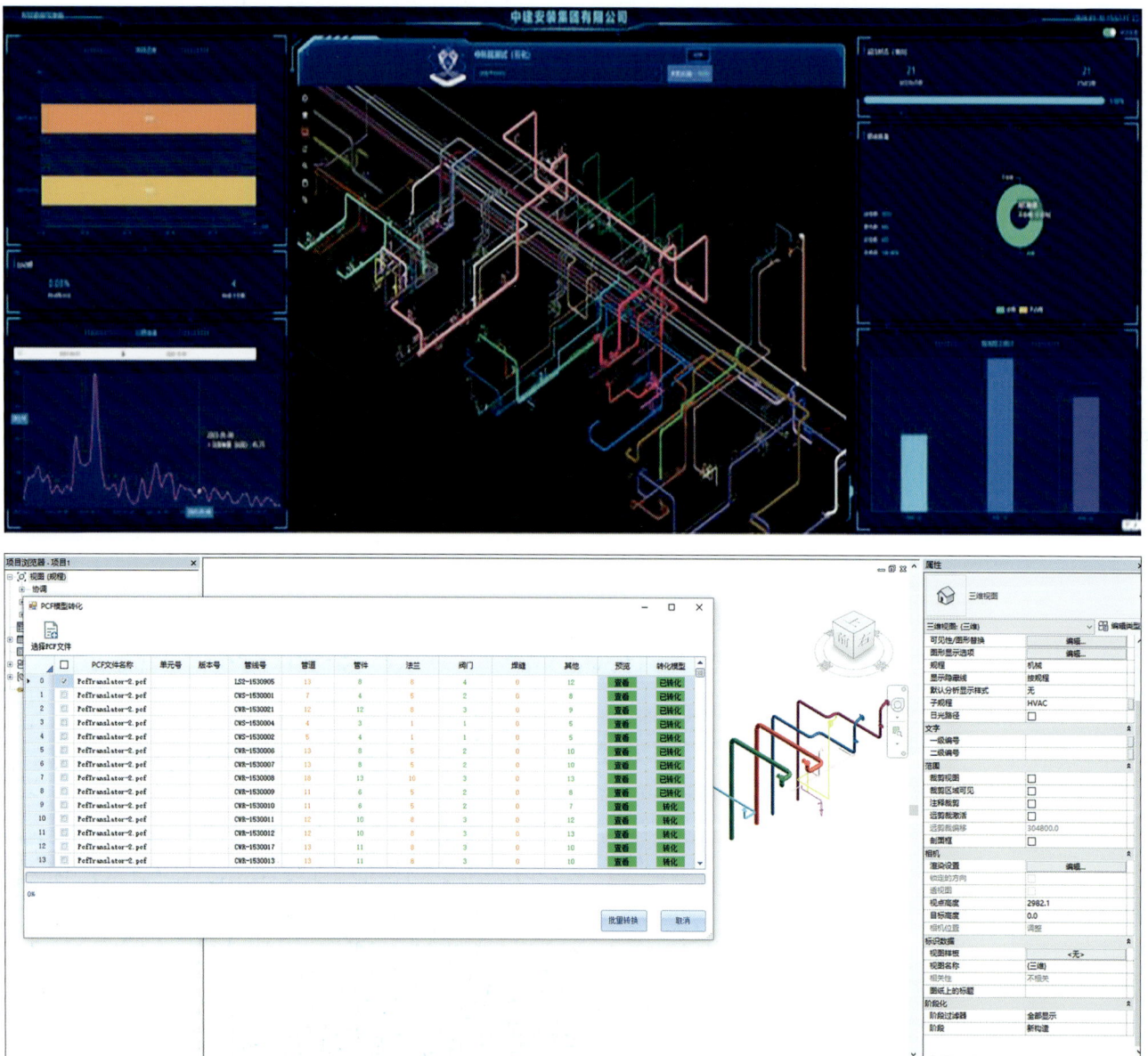

图 8.1-10　焊接生产管理系统

8.1.3　深化设计和预制

1. 钢结构深化设计及预制

（1）深化设计

采用钢结构专用深化设计软件，建立钢结构整体模型，钢结构框架拆分一般分为钢柱、钢梁、斜撑、剪刀撑、斜梯、框架平台、扶手栏杆7部分。针对不同的构架特点，根据构架的轴数、层数和物流海运要求，确定合理的构件单元，尽可能地加大预制深度，流程如下：

设计人员建立结构整体模型→现场拼装分段（运输分段）→加工制作分段→分解为构件与节点→结合工艺、材料、焊缝、结构设计说明等深化设计详图。

对设计院提供的钢结构施工图进行详细审核，将图中有不明确或有疑点的问题逐一列出，形成文件资料，与设计院对问题进行核实后再进行深化。

所有的钢结构模型"搭建"同时，可给每一构件定义它的前缀号即构件编码，模型完成后由软件来运行拼装校核，再次检查模型，最后再由建模工程师完成全部编号工作。

上述步骤完成后，由程序导出构件、零件号，最后完成图纸的"自校→互校→校对→审核→签字"，其中自校由软件完成，校对由深化设计主管人员完成。构件图可通过整体模型导出，但需要考虑加工制作、运输分段、安装方案、节点划分、制作工艺、焊接收缩及变形、结构预起拱等因素。

编码完成后，拆分三维构件模型图，通过深化设计软件可以生成二维加工图，加工车间根据生成的二维图的各部件参数通过电脑输入机器后实现自动下料切割。

斜梯、直爬梯等构件进行模块化制作，梯子部分包括梯脚固定件、踏板、梯梁；平台部分包括：梯梁、角钢梁、花纹钢板和连接件。护栏的预制包括扶手、栏杆立柱、扁钢圈和连接角钢（图 8.1-11、图 8.1-12）。

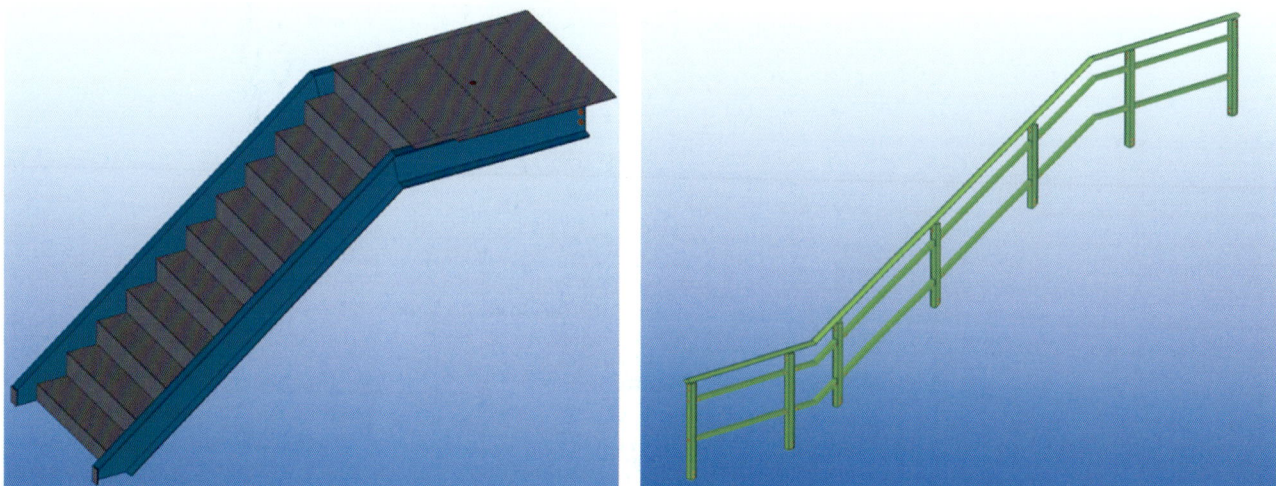

图 8.1-11　钢结构劳动保护深化图

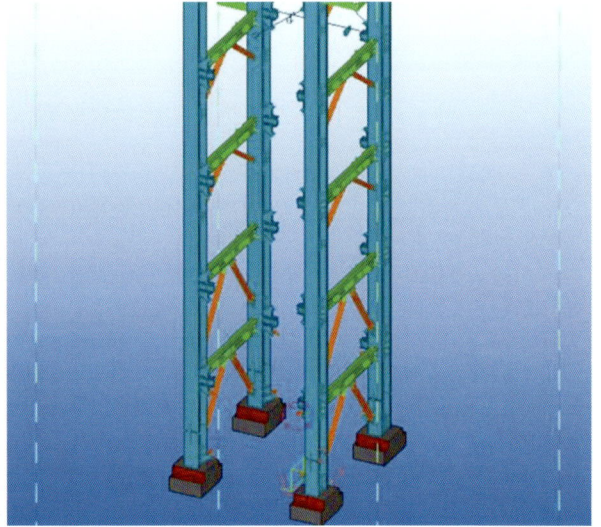

图 8.1-12　楼梯间框架分片预制

（2）构件预制

材料到场后，技术人员组织加工车间根据零件的二维加工图进行生产。材料购买后，进行构件的前期加工，完成后进行构件的加工组装，半成品验收合格后，进行除锈防腐工作。

在钢结构构件过程中有几个工序施工要点分别是：

1）排版，根据零件规格长度进行排版，减少材料损耗。

2）零件切割、钻孔，车间根据排版图及程序切割，切割后进行二次矫平、钻孔。

3）坡口、拼接，根据图纸、工艺要求开坡口，按接料图拼接材料，拼接缝 UT 检测合格。

4）组装，根据构件图在装配区把牛腿、筋板等零件组装到主材上。

5）焊接、矫正，焊接牛腿、筋板等零件与主材的焊缝，焊后矫正。

6）除锈防腐，通过抛丸进行除锈，使构件表面达到 Sa2.5 级，处理后的构件经过报验，合格后喷涂底漆、中间漆（图 8.1-13 ~ 图 8.1-15）。

通过钢结构深化和预制，国内的预制深度达到了 75%，大大减少国外施工人工成本。

图 8.1-13　半成品构件　　　　图 8.1-14　抛丸处理合格构件　　　　图 8.1-15　钢结构喷涂

2. 管道深化设计及预制

基于设计院的三维设计模型建立数据库，导出工艺管道预制数据，进行工艺管道单线图的拆分。工艺管道按照附塔管线、装置构架管线、管廊管线、管道阀组等模块进行划分。划分预制管道的同时，确定固定焊口与活动焊口。建立的数据库导入到焊接管理系统中。

在预制厂，提前对管道进行切割、坡口加工、除锈、除油、干燥等预处理工作，确保焊接面的清洁度和几何尺寸满足焊接要求。

（1）管道切割前，将原有的管道规格型号及材质的标记及时移植。

（2）管道切割及坡口加工采用机械方法，不锈钢管用砂轮切割或修磨时，应使用专用砂轮片。

（3）切割后的管子切口表面平整，无裂纹、重皮、毛刺、凹凸等。熔渣、氧化皮、铁屑等清除干净。

（4）管道切口断面倾斜偏差不大于管子外径的 1%，且不得超过 3mm（图 8.1-16）。

（5）管道仪表元件开孔，采用管道开孔机或手提电钻进行开孔。

（6）管道下料尺寸按照单线图，并对照管道平面布置及竖向图来确定，合理选定自由管段和封闭管段。对于机泵、压缩机组的管线预制下料时，核对设备、管架、预留孔的位置，留有一定的调整裕量。

（7）预制的管段组对前进一步核实各管段的尺寸、方向，下料后用记号笔在管段两端标注与管段图相一致的焊缝编号，严格按管段图所标焊缝编号进行组对。

（8）管道组对时，对坡口边缘附近范围内的油、漆、垢、锈、毛刺等清除干净，不得有裂纹、夹层等缺陷，清理合格后及时焊接。

（9）预制好的管段将内部清理干净，管内无焊渣、砂土、铁屑及其他杂物，用塑料管帽将管口封闭好，防止异物进入管内。

（10）每一段预制好的管段及时标注好管段号、焊口号、焊工号及焊接日期，并按区域、管线流程堆放整齐，并及时在单线图上做好标注，将焊接数据录入焊接数据库。相关内容见图 8.1-17 ～ 图 8.1-20。

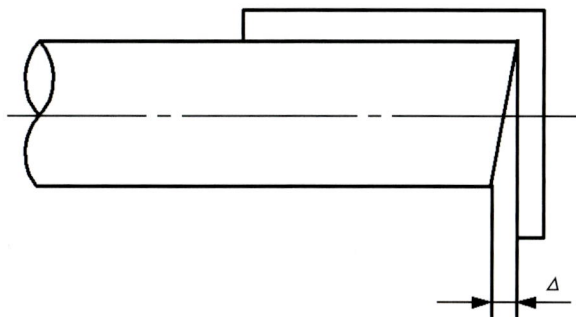

图 8.1-16　管道切口端面倾斜偏差

Δ—倾斜偏差

图 8.1-17　阀组预制

图 8.1-18　涨力弯

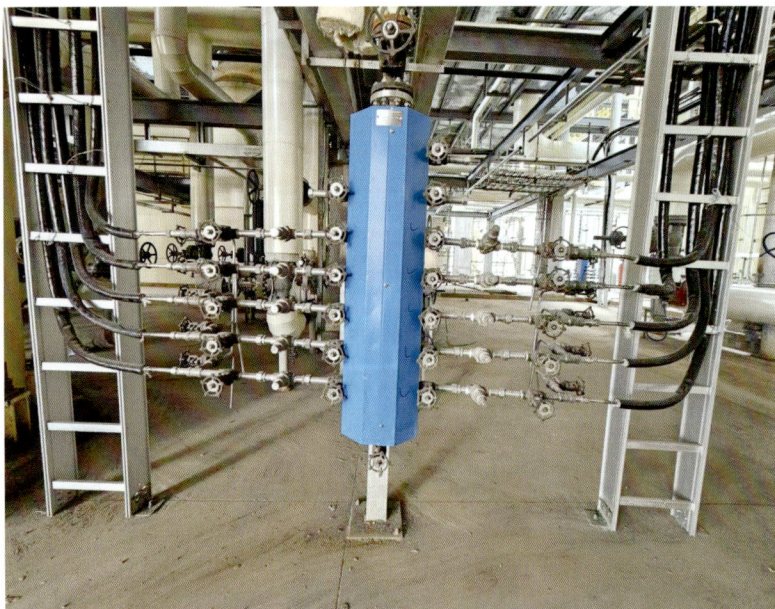

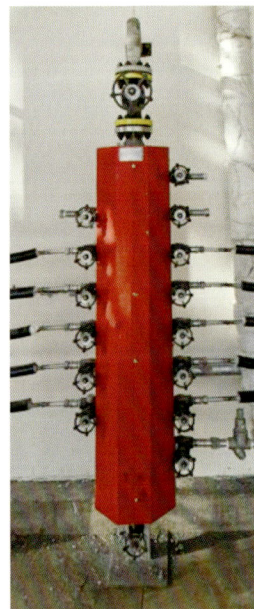

图 8.1-19　伴热站分配器

图 8.1-20　管道预制半成品

3. 加热炉模块化加工预制

常减压蒸馏是炼油加工的重要工序，加热炉的作用就是为油品的气化提供热源。在加热炉中，燃料在炉膛内燃烧，产生高温火焰与烟气，传热给炉管内流动的油品，使其达到工艺需要的温度，为蒸馏过程提供稳定的气化量和热量。加热炉作为常减压核心设备之一，由辐射段、对流段、烟囱及烟风道组成。通常加热炉外观有圆筒形与方形两种型式，其结构包括：炉体钢结构、炉管、炉衬、燃烧器、看火门及其他炉配件。传统的现场制作安装加热炉的方式，已不能满足工程工期要求，加热炉工厂预制、现场模块化安装技术占据越来越重要的地位。

恒逸（文莱）PMB 石油化工 800 万吨 / 年常减压蒸馏装置有常压炉（1011-F-301）、减压炉（1011-F-401）各一台，是常减压装置的核心设备。常压炉负责将换热后的原油（300℃左右），加热到 360 ~ 380℃再进入常压塔进行蒸馏；减压炉负责将常压塔底油（350℃左右）加热到 380 ~ 400℃，再进入减压塔进行蒸馏（表 8.1-1）。

表 8.1-1　主要实物工作量

序号	名称	位号/型号/材质	单位	炉型	数量
1	F-301 常压进料加热炉	1011-F-301	台	卧管立式箱式炉	1
2	F-401 减压进料加热炉	1011-F-401	台	立管立式圆筒炉	1
3	F-301 辐射段炉管	TP321	m	—	3120
4	F-401 辐射段炉管	316L	m	—	1855

按照加热炉的具体结构，将辐射段炉体钢结构、辐射段炉管、对流段、烟囱、烟风道、梯子平台分成若干模块，炉辐射段炉体钢结构模块加工采用压重反变形法加工方式，有效提高制作效率和保证制作质量；加热炉的衬里施工随模块在工厂完成，有效保证衬里施工质量，缩短加热炉现场衬里施工时间（图 8.1-21）。

（1）模块化预制分片原则

在不改变主体结构设计的前提下，保证最大的深度预制、便于运输；模块之间用螺栓或者焊接连接，便于现场组装；辐射段钢结构模块部分采取分片预制。

常压炉（1011-F-301）为双方形辐射室加单对流室炉、减压炉（1011-F-401）为双圆筒形辐射室加单对流室炉。主要组成部分如下：

辐射室包括：辐射室筒体及钢结构、炉管系统、辐射管支吊架、辐射室衬里、燃烧器、门类、套管类以及其他连接构件。

对流室由对流段模块组成，每个对流段模块都包括：对流盘管+对流中间管板+对流两端管板+对流室衬里+墙板及钢结构+弯头箱。

梯子平台包括：平台模块（含支架）、梯子、栏杆。

常压炉划分 10 个模块，减压炉划分 8 个模块。

（2）加热炉辐射段炉体钢结构模块制作

辐射室钢结构模块采用分片预制，现场采用螺栓连接模块，包括辐射炉底模块、辐射筒体模块、辐射炉顶模块。每个模块包含型钢、墙板、门类、套管、衬里锚固件等。

1）加热炉辐射段炉体钢结构模块均在钢平台上进行组装，按 1:1 的大样放线，并考虑焊接收缩余量。

2）圆筒炉筒体模块预制时，先在钢平台上将其组成大片，然后再将其放置胎具上进行卷制。方形炉炉体模块在组装焊接时采用压重法防变形措施。

3）加热炉炉体钢结构模块预制结束经检验合格后，按照相应技术要求进行衬里保温钉焊接。

4）圆筒形辐射段炉体模块浇筑料衬里施工采用手工捣制，方形炉辐射段炉体模块浇筑料衬里施工采用支模浇筑。

（3）辐射段炉管模块制作

炉管按管程数、布管形式及运输限制等因素进行模块划分，辐射段炉管模块根据其相应的尺寸，在特制的胎具上进行组装焊接。炉管是加热炉中最核心的部件，炉管的焊接必须严格执行相应材质的焊接工艺评定文件，以确保炉管使用安全（图 8.1-22）。

（4）对流段及烟风道模块制作

对流段模块包括：对流盘管（工艺介质盘管、管配件）+ 管板 + 衬里 + 墙板及钢结构。先组装焊接对流段框架及墙板，合格后进行保温钉焊接及衬里施工，再进行管板及对流段炉管的安装。对流段炉管弯管焊接时，必须按照一定的顺序进行焊接，以保证焊接质量（图 8.1-23）。

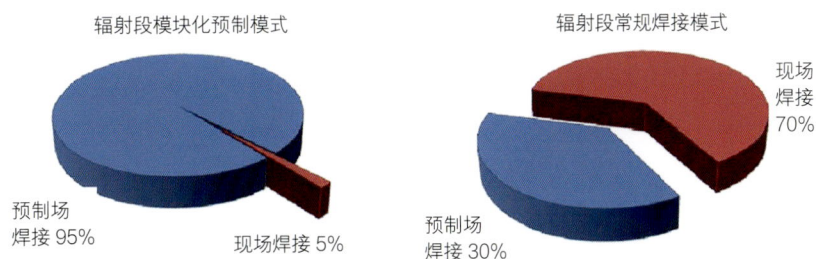

辐射段模块化预制模式　预制场焊接 95%　现场焊接 5%

辐射段常规焊接模式　现场焊接 70%　预制场焊接 30%

图 8.1-21　辐射室模块预制与常规方式组装深度对比

图 8.1-22　炉管模块化组装

图 8.1-23　对流段模块预制

在工厂完成模块的制作及相关检验，合格之后运输至现场，按照一定的方式进行模块与模块的组装，实现加热炉搭积木式安装。

4. 火炬深化设计及加工预制

项目全厂火炬内有三台火炬筒体，每个火炬筒体配备火炬头一个，若干长明灯、高空点火器等辅助设施。三个火炬筒体共用一座塔架，塔架总高度142.7m，其中高压火炬筒体149.7m。塔架分段总计为 15 段，主要构件之间连接均采用法兰盘、高强度螺栓连接。

火炬包括火炬塔架、火炬管、火炬头、配套的梯子平台等。

火炬塔架深化设计同钢结构深化设计，根据深化图纸对钢材进行放样、下料及组对，在放样、下料过程中依据下料图进行施工，确保准确无误，随后依据构件详图进行组装，防止所下材料使用混乱。

管道支架按图纸要求的支架做法下料，焊接组装并做好标识。管道按图纸要求做好管段的下料、法兰及管件（三通、弯头）的焊接同时做好标识并尽可能加大预制深度。

平台按图纸和图集要求预制，平台外形的预制需保证其设计要求几何尺寸。特别需注意如有管道穿过平台的情况，要将穿过管道的那块格栅做成两块拼装的形式，且此块拼装的格栅提前预留。

5. 火炬塔架预拼装

火炬塔架构件预制焊接完成后，根据 BIM 图进行预拼装，预拼装过程中查看节点连接部位，查看制作构件是否合适、构件编号是否准确。检验合格后拆除预拼装构件，采用抛丸机进行除锈，保证除锈质量，将抛丸除锈过后的构件进行油漆喷涂。

8.1.4　预制构件及模块包装运输

各个预制模块在运输之前，需要进行编码和标识，然后进行分类打包，通过海运转运至现场。标识以钢结构为例，如下：

1. 预制构件编码标识

预制构件编码标识系统主要分为单位标识、区域色标标识、构件编码标识三部分。

（1）单位标识

由于恒逸（文莱）PMB 项目共有 4 家主力承包商，十多家辅助承包商共同参建，所有承包商各种物资基本由国内经过海运的方式完成输送，因此会出现各家单位的钢结构、管道都在同一艘船的现象。在构件卸船分给各家承包商时，识别构件所属单位就显得特别重要。为了能够准确找到自己的构件，在预制时喷涂属性标识，即在每个构件编号前，统一用蓝色油漆喷涂单位名称缩写"CCIEE"（中建安装简称）。

（2）区域色标标识

构件及模块经海运至文莱后，为了方便辨识所属区域，保证能准确有序送到施工现场，在每个构件上一端标识了色环。色环由大色环 + 小色环构成，大色环宽度为 100mm，小色环宽度为 40mm，代表装置 + 构架（图 8.1-24 ~ 图 8.1-26）。

序号	区域	颜色	小区域	颜色	序号	区域	颜色	小区域	颜色
1	1011　常减压	红	PRA	黄	19	全厂热力管网	橙	图幅 F	黄
2			PRB	绿	20				绿
3			SS1	红	21				红
4			SS2	蓝	22			图幅 H	蓝
5			SS3	白	23	厂际管廊	白	PR1	黄
6			SS8	橙	24			PR2	绿
7	1012　轻烃回收	黄	CS1	黄	25			PR3	红
8			SS4	绿	26			PR4	蓝
9			SS5	红	27			PR5	白
10	1013　产品精制	蓝	SS6	黄	28			PR6	橙
11			SS7	绿	29	1041　气分装置	紫	PRA	黄
12			PRC	红	30			SS-1	绿
13	空分空压	绿	棚-1	黄	31			SS-2	红
14			棚-2	绿	32			SS-3	蓝
15			SS1	红	33			SS-4	白
16			PRA	蓝	34	4701　火炬气装置	浅蓝	管架	黄
17			建-1	白	35	4702　火炬气回收装置	黑	管架	黄
18			厂前区制冷站	橙	36			压缩机厂房	绿

图 8.1-24　环形色标区域标注规定

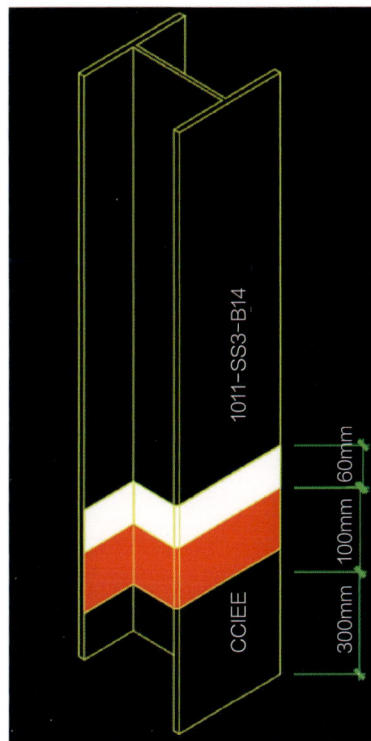

图 8.1-25　色环位置示意图

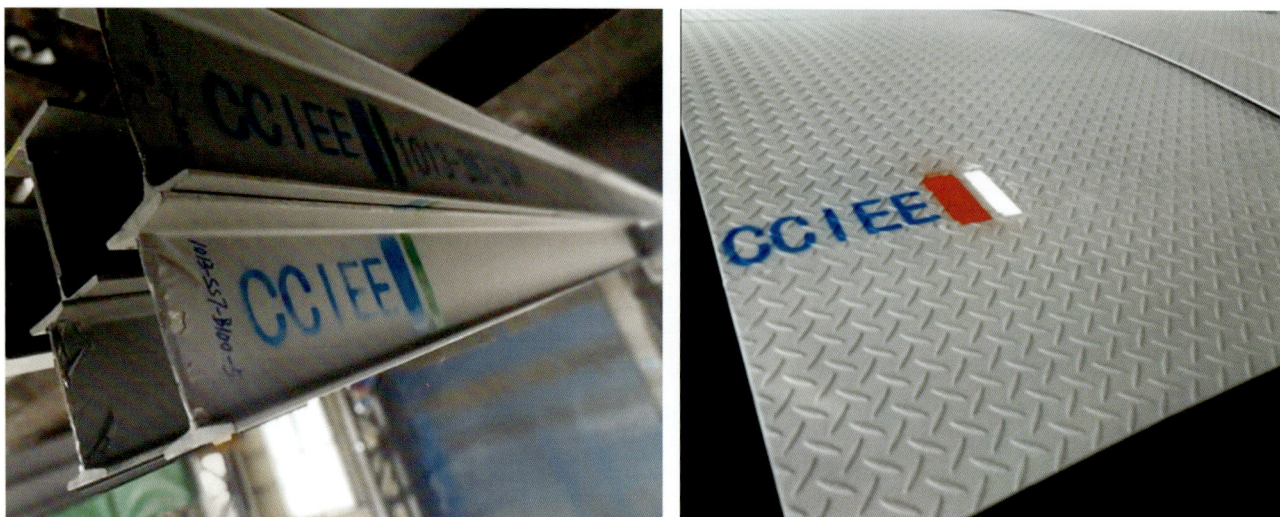

图 8.1-26　型钢构件、花纹钢板标识半成品

（3）编码标识

1）为实现不同构件的独立性，构件编号的设计采用多层标识方式。构件在防腐完成时需要以大号字体喷涂在构件上，达到清晰、易辨识的目的。

2）编码组成：编码由装置代号 + 构架代号 + 位置编号组成，具体如图 8.1-27、图 8.1-28 所示：

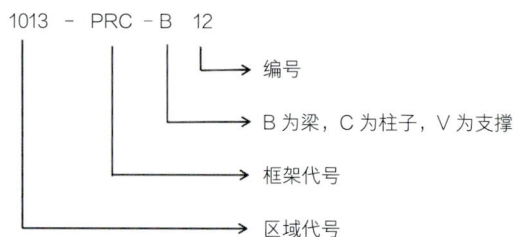

1013 － PRC － B 12

编号

B 为梁，C 为柱子，V 为支撑

框架代号

区域代号

图 8.1-27　构件编码

图 8.1-28　钢结构构件编号喷码

通过区域标识与编码标识技术缩短识别时间，提高材料构件识别效率约 25%。

2. 打包运输

（1）打包前准备

确保构件、模块检验合格、涂装干燥，随机文件如产品合格证、检验报告等齐全。

（2）打包材料选择

对于小型构件，散件可以使用木箱、角钢和钢丝网制作的框架进行包装；长细构件，采用角钢固定架、枕木、螺杆等进行分类、分层固定。

（3）分类打包

根据构件的形状、大小、重量等因素进行分类打包。对于外伸的连接板等物，应尽量置于内侧以防钩刮事故。若不得不外露，应做好明显标记并妥善固定。

（4）保护措施

采用木材垫衬、塑料膜等软性材料保护，确保构件的涂层不受损伤，将构件固定在包装箱内或捆扎牢固，以防止在运输过程中发生位移或变形。按照安装先后次序和形状大小进行合理堆放，并用垫木垫实，确保堆放安全稳定。

（5）包装信息

如果有包装箱，在包装箱标注清晰的构件信息，如构件名称、编号、毛重、净重等，以便识别和交接（图 8.1-29 ~ 图 8.1-34）。

图 8.1-29　钢结构打包

图 8.1-30　管件打包

图 8.1-31　预制管段打包（一）

图 8.1-31　预制管段打包（二）

图 8.1-32　管道打包

图 8.1-33　散件打包

图 8.1-34　加热炉模块运输

8.2　现场装配化施工

各构件、模块达到现场进行分拣后，运输到相应的指定区域，进行模块化安装。

8.2.1　钢结构模块化施工

钢结构模块化安装，地面组装时采用普通中小型汽车式起重机即可满足钢柱、横梁的吊装施工、组装成品完成，验收合格后利用履带式起重机整体吊装就位。施工流程图见图 8.2-1。

1. 柱间距数值测量

根据钢柱间距，地面安装时纵向平面安装间距数值精确到 1mm。轴距测量完成后，做好整体组装结构地面放样准备工作。

2. 地面平台找正调平

对组装场地地面进行夯填整平，利用 HW400×400 的型钢，按井字形排布，组成组装平台，确保平台平整稳固。

3. 钢结构地面模块组装

利用汽车式起重机进行框架组装，立柱安装完成后，在地面从两侧向吊装第一道主横梁，使结构形成稳固空间整体，主横梁按图纸要求安装完成后，依次吊装平台次梁，紧固连接螺栓，平台螺栓连接初拧终拧情况进行检查验收。验收合格后铺设平台钢格栅，焊接安全护栏，安装结构爬梯等。依次对每层结构安装验收，吊装模块全部组装完成后，组织整体验收，并对结构焊接部位清理补漆，防护栏杆统一刷底漆面漆。

4. 吊耳设置

根据模块结构重量设计吊耳，吊耳设计要进行强度核算。

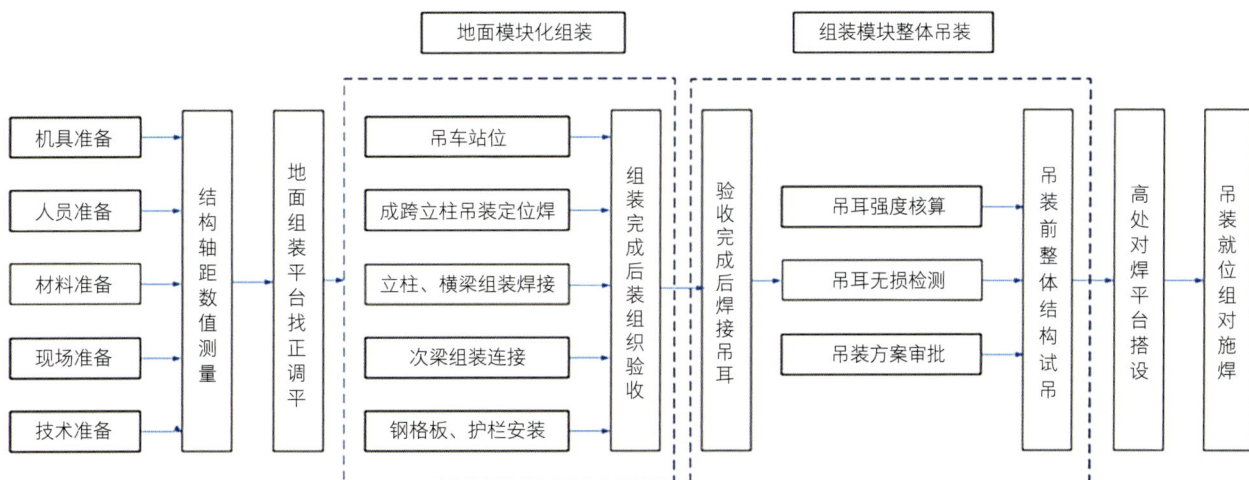

图 8.2-1　钢结构模块化施工流程图

5. 组装模块试吊、吊装

在地面对组装模块整体验收合格后，采用履带式起重机整体吊装。吊装司索指挥人员检查吊件无误后，吊装前进行整体试吊，吊装高度为离地 300 ～ 500mm，静置 10min 后，落地再次检查吊耳是否有明显变形，焊接部位有无裂纹、变形等问题，确认无误可以一次起吊至安装位置（图 8.2-2）。

6. 组装模块高空立柱对焊

起吊前，在四根立柱同一轴向顶部翼缘板及腹板上，点焊好定位钢板，整体吊装构件就位时，为方便对立柱组对找正，四个立柱找正完成后可以先点焊，后用经纬仪测量立柱整体垂直，对点焊部位进行加固满焊，立柱满焊完成后摘除吊钩，切除吊耳。

钢结构模块化安装施工，减少大量高空作业，降低安全风险，提高了现场钢结构的安装效率，实现经济效益率 10%。

8.2.2 加热炉模块化施工

加热炉模块化施工工艺流程如图 8.2-3 所示：

加热炉炉体各模块之间采用焊接和高强度螺栓连接，模块拼装采用 N+1 模式。在每个模块上设置安装定位孔及对齐标记，现场模块化组装。

1. 辐射室模块安装

辐射室钢结构模块之间采用高强度螺栓连接，每块墙板预留安装定位孔，现场安装仅需要按照定位孔组装就位后，再进行模块之间密封，耐火材料填塞和外部密封焊后即组装完成。

（1）F-301 辐射段为卧管立式箱式炉，由两个辐射室内组成，辐射室大小为 26.4m（南北轴）×16.44m（东西轴），东西侧为 ABCD 轴线框架，辐射室端墙钢架中心间距为 6.4m，两辐射室之间为 3.64m。南北侧共计 7 轴，7 根立柱 6 跨，跨距 4.40m×6=26.4m。辐射段柱底标高 0.2m，辐射炉底上表面标高 3m，炉顶下表面标高为 18m。

（2）辐射段模块安装前应按设计方位核对各模块，确认无误后才能安装就位。

（3）辐射段拼装：

辐射段分炉底、炉壁、炉顶三部分拼装，方形炉炉壁板按照轴线顺序拼装。

加热炉炉底、辐射炉顶组对完成，经检查各部分相关几何尺寸符合组装要求后，进行炉本体各模块单片间的焊接，焊接时采用对角均布施焊，以避免局部受热过大而出现变形（图 8.2-4）。

图 8.2-2 现场钢结构模块化吊装

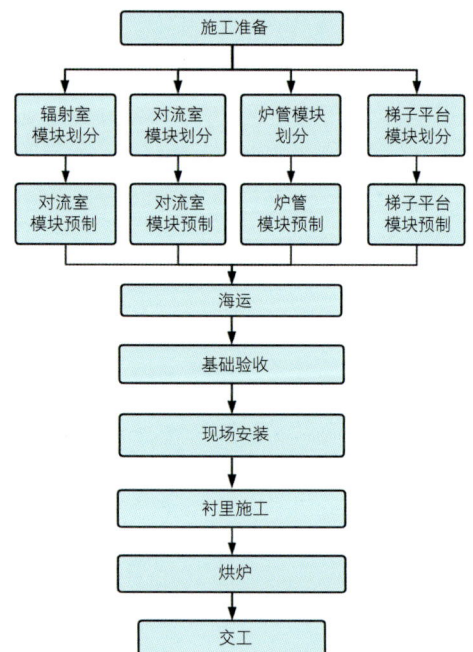

图 8.2-3 工艺流程图

2. 对流段吊装

对流段模块分成 3 组到场，单组最大重量为 120t，对流段模块吊装前，辐射室焊接工作必须完成，吊装完成后进行找正找平（图 8.2-5）。

图 8.2-4　辐射段吊装

图 8.2-5　对流段模块化安装

3. 加热炉炉管

加热炉炉管采用了装配式施工，为保证炉管焊接质量，确保炉管定位准确，减小施工难度，将所有炉管先焊为"U"形，再通过急弯弯管连接，拼焊为整块。

（1）减压炉（1011-F-401）辐射排管

辐射排管共 4 组，安装时先在炉外进行组对、预制，待所有散装炉管拼焊成 4 组后，再分别进行吊装、焊接。辐射排管单组炉管焊接顺序如图 8.2-6 所示。

（2）常压炉（1011-F-301）辐射排管

辐射排管共 4 组，每组分 3 个模块进行吊装、焊接。单组炉管及模块一焊接顺序如图 8.2-7、图 8.2-8 所示。炉管安装见图 8.2-9。

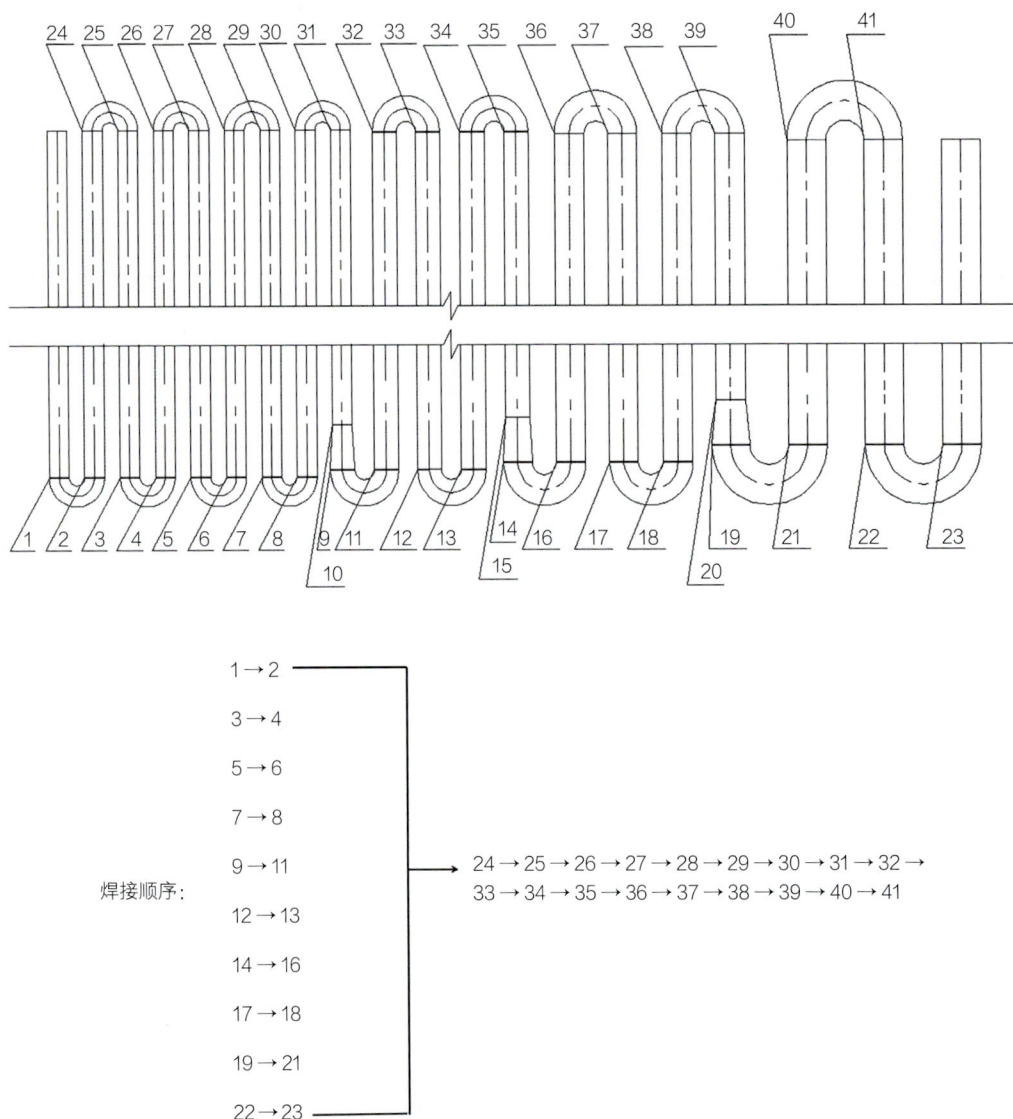

焊接顺序：

1→2
3→4
5→6
7→8
9→11
12→13
14→16
17→18
19→21
22→23

24→25→26→27→28→29→30→31→32→
33→34→35→36→37→38→39→40→41

图 8.2-6　辐射排管单组炉管焊接顺序图

注：10、15、20 号焊口在炉外组对、预制时完成焊接。

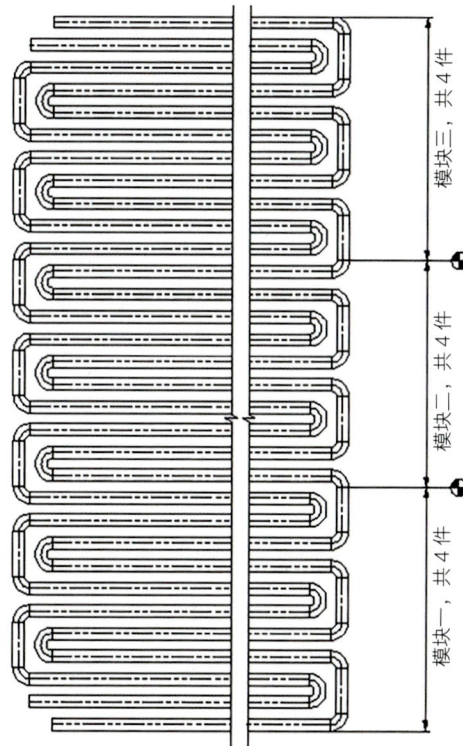

图 8.2-7　单组炉管示意图

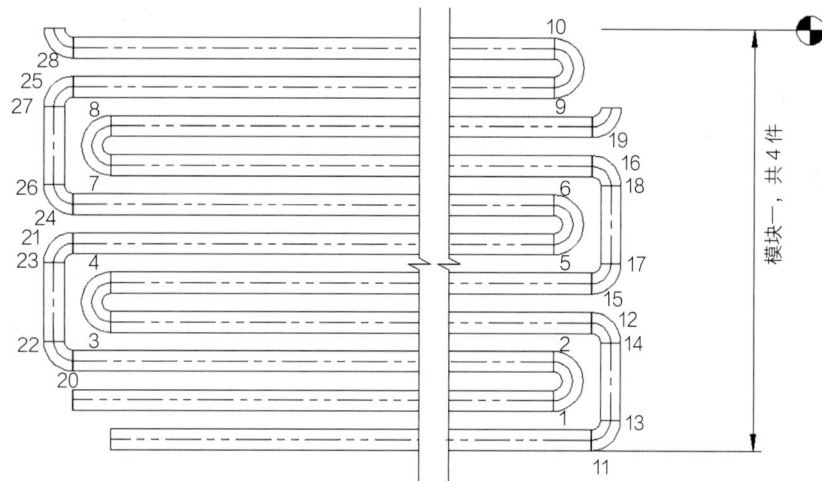

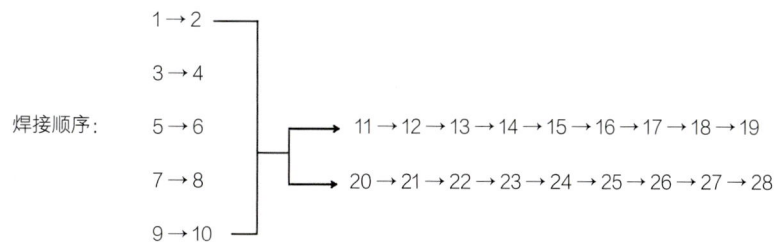

焊接顺序：

$1 \rightarrow 2$

$3 \rightarrow 4$

$5 \rightarrow 6$

$7 \rightarrow 8$

$9 \rightarrow 10$

$11 \rightarrow 12 \rightarrow 13 \rightarrow 14 \rightarrow 15 \rightarrow 16 \rightarrow 17 \rightarrow 18 \rightarrow 19$

$20 \rightarrow 21 \rightarrow 22 \rightarrow 23 \rightarrow 24 \rightarrow 25 \rightarrow 26 \rightarrow 27 \rightarrow 28$

图 8.2-8　模块一焊接顺序图

注：模块二、模块三焊接顺序同模块一。

图 8.2-9　炉管安装

4. 模块的衬里填补及修复

加热炉模块安装结束后必须进行模块间衬里填补与修补，修补部位的衬里凿到坚硬面或钢板面，并至少露出两个以上的保温钉，凿去的衬里应呈外小内大的形状。修补时应将修补处清理干净，并洒水湿润。接口处填补和修补工艺采用手工捣制。

加热炉模块化预制在国内的预制深度达到了 85%，现场模块化安装保证了安装质量，提高了整体安装速度，缩短工期 15d，避免了设备高空焊接作业，减少了脚手架搭设用量，工程施工安全得到保障，使得工序安排更加科学合理（图 8.2-10）。

8.2.3　火炬模块化施工

恒逸（文莱）PMB 项目全厂火炬，位于厂区东北角，火炬内有三台火炬筒体，塔架总高度 142.7m，其中高压火炬筒体 149.7m。塔架分段总计为 15 段，主要构件之间连接均采用法兰盘、高强度螺栓连接。火炬重量见表 8.2-1。

图 8.2-10　常减压加热炉现场图

火炬施工采用了模块化组装技术，在国内进行深化设计、加工预制、模拟组装；在火炬塔架拆解运输到现场后，采用地面拼装的方式，进行分段模块化组装。将各类平台、管道等进行组装成模块，利用大型起重机进行吊装；利用模块化自带的平台，进行对接安装，减少高空安装作业风险。

BIM 深化设计→工厂预制→集运到现场→基础验收→材料验收→前两节火炬筒体吊装→第一段塔架散装→前两节火炬附塔管线安装→四段模块组装→高强度螺栓紧固→火炬筒体与塔架模块组合→附塔管线、电气仪表固定→爬梯、平台安装→模块一吊装、螺栓紧固、筒体组对→模块二吊装、螺栓紧固、筒体组对→模块三吊装、螺栓紧固、筒体组对→模块四吊装、螺栓紧固、筒体组对→火炬头吊装。

1. 模块划分

塔架及筒体分为五大段进行安装。第一段即标高 3.654 ～ 41.254m 直接在基础上组对、散装；第二至第五段即标高 41.254 ～ 146.354m 分为四段模块，塔架及筒体在地面组装、固定。具体分段详情见表 8.2-2：

2. 场地处理

对现场规划的区域进行淤泥清理、碎石换填、压实路面，解决了火炬预制、吊装、材料、堆放问题。场地处理总面积约 5900m²，换填深度 500mm。

3. 组装胎架

使用 200mm×200mm×3000mm 的枕木组成胎架，并用水准仪找平。

4. 塔架及筒体模块化安装

第一段散装、剩余 4 段在地面模块化组装，地面组对考虑选用 25t 加 70t 起重机进行吊装，模块化整体包括塔架、火炬筒体、梯子平台、附属管线和分段位置的临时组装平台。筒体用倒

表 8.2-1 文莱火炬重量表

名称	重量
高压火炬筒体	67.525t
低压火炬筒体	133.764t
酸性气火炬筒体	32.298t

表 8.2-2 火炬分段重量表

塔架分段	塔架分段标高（m）	分段总重（t）
第一段	41.254 以下	260.71
第二段	41.254 ～ 69.254	119.74
第三段	69.254 ～ 95.254	122.72
第四段	95.254 ～ 117.254	126.22
第五段	117.254 ～ 146.354	105.64

链固定，筒体组对分段处，做好临时平台，并将焊机绑扎于平台上，随塔架一同吊装，方便空中组对，人员上下则通过安装的正式爬梯（图8.2-11、图8.2-12）。

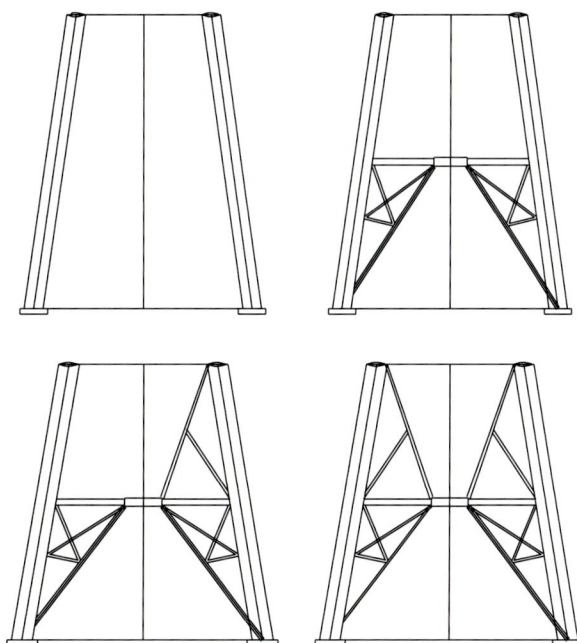

图8.2-11　第一段组装图

图8.2-12　火炬模块化组装

5. 吊装

（1）吊装前需完成航标漆的涂刷。

（2）塔架吊装采用"双起重机抬吊法"。采用 1600t 履带式起重机作为主吊，280t 履带式起重机进行溜尾吊装到位，空中组对。

（3）火炬塔架不设吊耳，采用钢丝绳兜挂方式进行吊装，各段塔架设置 3 个主吊点和 1 个抬尾吊点。3 个主吊点分别设置于 3 根立柱与主横梁（该段塔架标高最高且在地面已组对完成的主横梁）连接处，钢丝绳兜挂立柱并在主横梁下侧。1 个抬尾吊点设置于立柱（预制时塔架上方的立柱）与主横梁（该段塔架标高最低且在地面已组对完成的主横梁）连接处，钢丝绳兜挂立柱并在主横梁下侧。

每段火炬筒体 180°对称设置两个管式吊耳，火炬头设有 3 个板式吊耳。

（4）进行分段吊装。每吊装完成后要进行垂直度和高强度螺栓连接的检查和验收。筒节段组对要进行焊接检验。

此吊装仅采用 1600t 台班总计 15 个台班，火炬提前目标节点 4d 吊装完成，经济效益率 8%（图 8.2-13 ～图 8.2-15）。

火炬塔架模块化施工，相比于散装施工，缩短了工期；减少了高空作业，保证了工人安全（图 8.2-16）。

图 8.2-13 火炬分模块吊装图

图 8.2-14 火炬筒吊装

图 8.2-15　火炬头吊装

图 8.2-16　火炬塔架全景

8.2.4 大口径转油管线装配化施工

转油线位于常压炉／减压炉与常压塔／减压塔之间，是常减压装置中极其重要的管道，施工质量直接影响整个装置运行安全和最终产品质量。恒逸（文莱）PMB 项目常减压蒸馏装置转油线分为常压转油线和减压转油线，常压转油线管道最大口径为 DN1200，壁厚为（12+3）mm，材质为 Q245R+316L，转油线管道重 11.807t；减压转油线管道最大口径为 DN2600，壁厚为（18+3）mm，材质为 Q245R+316L，转油线重 19.743t。

转油线总体自重大，管道口径大，焊接难度大，安装精度和质量要求高，项目部根据设计图纸，按照制造、设计、安装一体化的思路，通过合理化分段、深度预制、现场模块拼装、整体吊装就位、冷紧、焊接的顺序施工，可以缩短工期，减少高空作业。

1. 工艺流程（图 8.2-17）

2. 转油线的预制

（1）分段原则：尽量减少现场高空焊接工作量。

转油线分为三个模块预制，减压转油线剩余 1 道 DN2600 与塔器焊接的焊口、两道 DN800 的分支管口，常压转油线剩余 1 道 DN1200 的焊口，2 道 DN800 的焊口现场焊接，转油线的具体分段详见图 8.2-18、图 8.2-19。

（2）转油线的封头、补强圈、仪表嘴法兰、人孔、管托垫板、分支口、保温钉均在预制场焊接完成。

（3）管托根据分段，与管道一同预制并与管道焊接完成，弹簧支架以成品供货，现场安装（图 8.2-20）。

3. 吊耳设计

转油管线吊耳包括冷紧吊耳及吊装吊耳，吊耳采用板式吊耳。吊装吊耳在主管线、分配管上分别设置 1 个吊耳，共计 3 个吊耳。

减压转油线吊耳在主管上均匀设置 8 个冷紧吊耳，常压转油线吊耳在主管上设置均匀设置 4 个冷紧吊耳（图 8.2-21、图 8.2-22）。

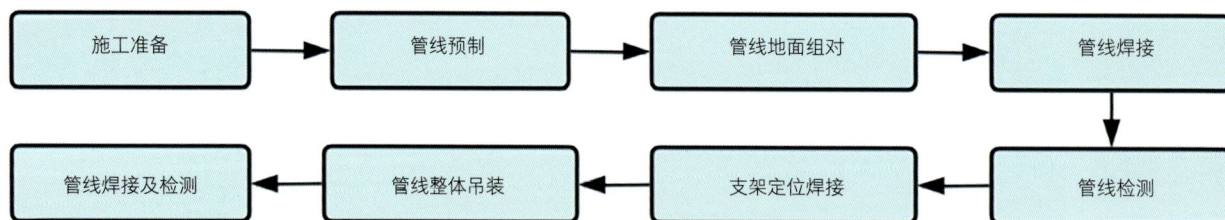

图 8.2-17　转油管线模块化施工

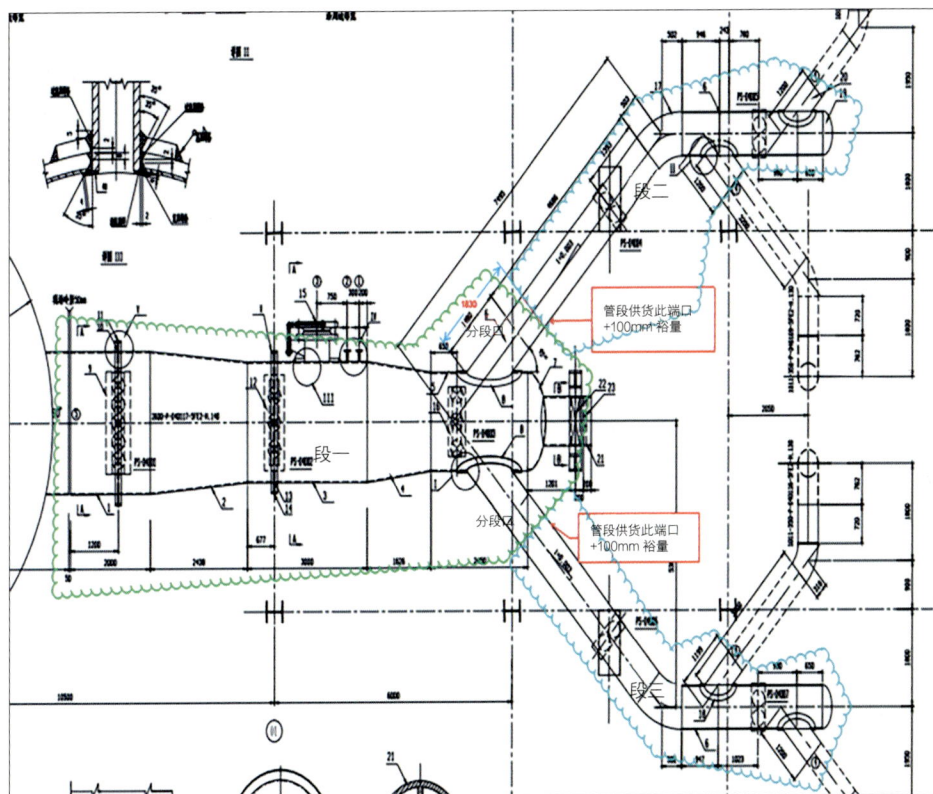

图 8.2-18 减压转油线分段图

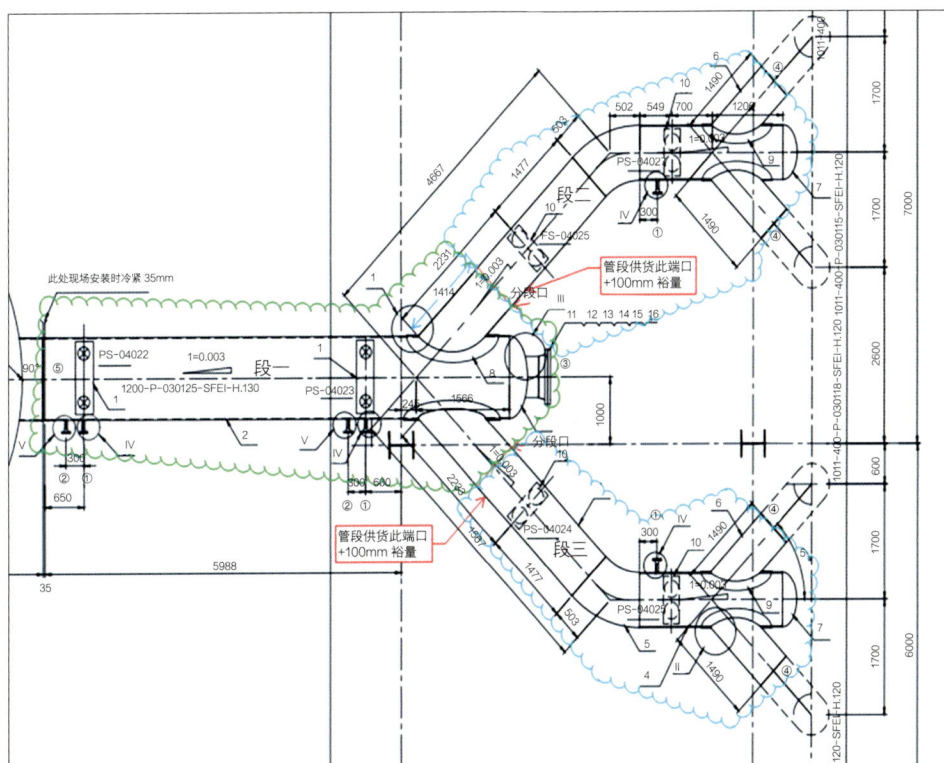

图 8.2-19 常压转油线分段图

图 8.2-20　转油线分段实物图

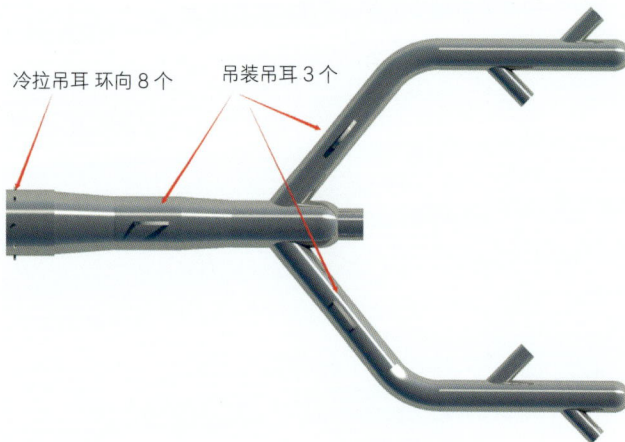

图 8.2-21　减压转油线吊耳

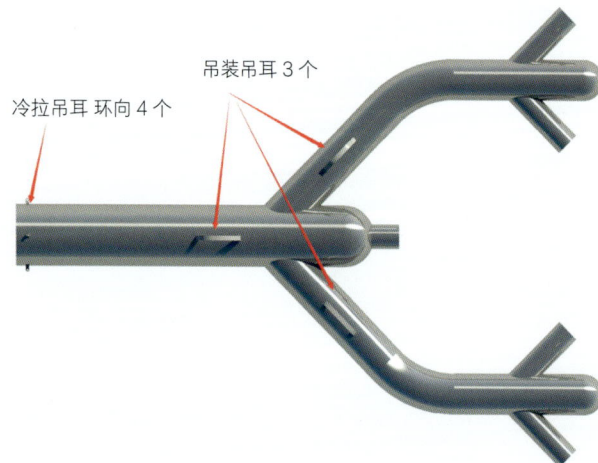

图 8.2-22　常压转油线吊耳

4. 转油线预制段进场验收

转油线预制段进场后，对照转油线图纸对管道的外观质量进行验收，同时查验预制段质量证明书中的焊缝检测报告、液压试验和气密试验报告。预制管段已进行了酸洗钝化，并采取有效保护措施，表面涂刷油漆，管段中心线已标记在管端，清晰可见；管段长度按照要求为正偏差，最大为10mm；椭圆度在 ±3mm 以内；壁厚允许负偏差为 -0.3mm，最大正偏差不超过12.5%。

5. 管道焊接

复合管转油线采用外坡口组对形式，焊接顺序为基层、过渡层和复合层。针对复合管材料材质 Q245R+316L、焊接方法和特点，制作新的焊接工艺评定。

（1）对焊缝坡口及两侧各20mm 范围内的表面进行清理，去除油污、水、锈及氧化皮等污物，在复层距离坡口100mm 范围内涂抹防飞溅涂料。组对时应以复层为基准，复层对口错变量不超过1mm。经检查合格后，才能组对焊接施工。坡口加工形式见图 8.2-23；焊材选用见表 8.2-3。

（2）环向偏差调整采用千斤顶和顶丝进行，禁止用切割方法校正。

（3）管道基层焊接完成后，对基层焊缝进行射线检测直至合格。

（4）焊接过渡层前，为保证过程的焊接质量，先对基层焊缝进行清根。然后再进行过渡层焊接，焊接完成后进行超声波或者渗透检测。

（5）过渡层焊接完成后，再进行复层焊接，管道焊接完成后，再次进行射线检测并合格。

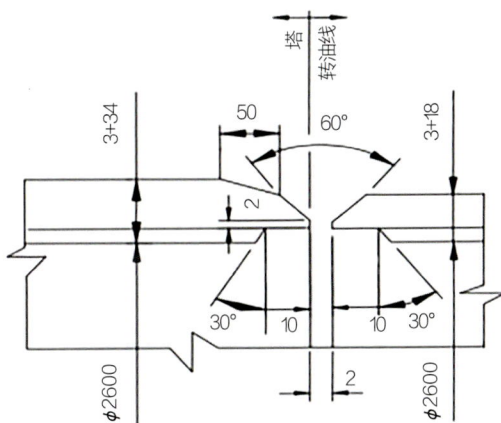

图 8.2-23 外坡口图

表 8.2-3 焊材选用一览表

序号	位置	焊材型号	焊材规格
1	打底及填充	ER50-6、E4315	ϕ2.5、ϕ3.2
2	过渡	E309LMo-16	ϕ3.2
3	盖面	E316L-16	ϕ3.2

注：焊材采购应符合《承压设备用焊接材料订货技术条件》NB/T 47018-2017 和《焊接材料采购指南》GB/T 25778—2010 的相关要求。

6. 转油线支架定位安装

根据钢结构图纸与转油线支架图纸，复测钢结构的标高与转油线支架高度，确保管道的坡度。合格后，将支架就位。

7. 整体吊装

转油线吊装采用 200t 汽车式起重机进行整体吊装。吊装前按照图纸要求确定冷拉预留尺寸：减压转油线预留 53mm，常压转油线预留 40mm。标记中心位置，吊装过程中控制中心线的偏差不超过 2mm，为保证管道冷紧间距和管道组对间隙，冷紧前做好间距标记（图 8.2-24）。

8. 转油线冷拉

（1）转油线冷拉前对系统管道状态确认：转油线弹簧支架已就位安装完成；转油线至加热炉间的出料线试压完成；出料线与炉壁处的法兰接口已紧固完成。

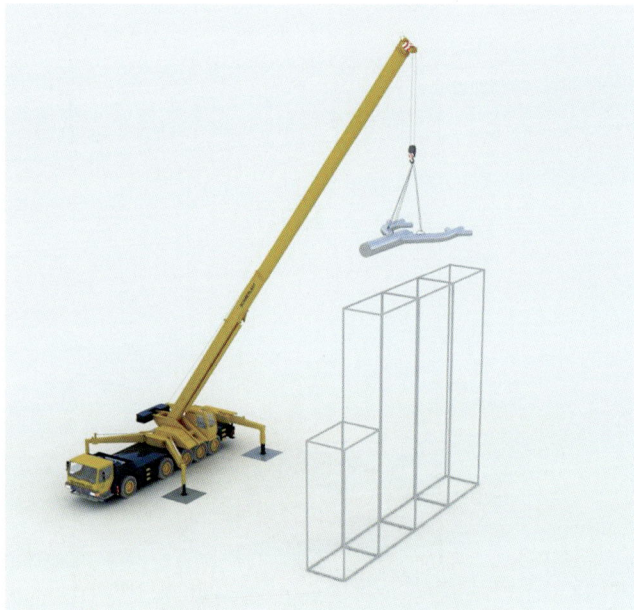

图 8.2-24　转油线吊装示意图

（2）管口椭圆度与同轴度检查：复测塔壁接口与转油线本体管道管口的椭圆度，同时复查其与转油线的管道中心同轴度，并调整至合格。

（3）冷拉位置检查：复核冷拉位置标记。

（4）设置冷拉的手拉葫芦，同时对称冷拉。

（5）管道冷拉完成后，待焊缝组对焊接工作完成后，将管道内部加固的十字支撑拆除取出，内壁连接板位置打磨修整。

转油管线模块化预制深度达到了 80%，降低了高空焊接作业带来的质量和安全风险，节省起重机台班 4 个台班，经济效益率 10%（图 8.2-25）。

8.2.5　阀门井预制装配施工

800 万吨 / 年常减压联合装置与 60 万吨 / 年气体分馏装置及其配套公用工程辅助设施，阀门井数量较多。由于阀门井位置分散、相对平面尺寸小、地下水位高，立面高度大于 2m，采用传统原位浇筑方式存在工效低、施工资源配置困难，且容易出现流砂、塌方等问题。本工程阀门井采用了装配式施工。装配式预制阀门井施工相比原位浇筑施工，可以集中脚手架、模板、钢筋绑扎、混凝土浇筑作业，按预制量合理分批进行浇筑，减少基坑内施工风险，节约材料倒运成本，缩短工期。

经充分考虑施工环境及阀门井混凝土浇筑施工便捷性，选择一块 6m×50m 的场地作为阀门井预制场。为方便后续钢筋、模板、混凝土浇筑施工，搭设双排脚手架作为作业平台，重复利用。在限定区域内进行阀门井预制，预制完成后，将阀门井运输到安装所在位置。现场基坑开挖，基底处理，垫层放置，阀门井吊装就位找正。

图 8.2-25　转油管线

1. 场地处理

现场原始场地为吹填砂，为便于控制预制阀门井底板的水平度和平整度，首先采用压路机对基层砂土进行碾压，再进行整体不平度和局部凹凸度的检查，并根据检查结果采取相应的局部处理措施。以便满足装配式阀门井预制要求。

2. 施工人员操作平台搭设

考虑预制阀门井高度大多在 2m 左右，为便于施工，搭设双排脚手架平台进行作业（图 8.2-26）。

3. 钢筋、模板安装

阀门井装配化施工在钢筋、模板安装工序上与传统现浇井类似，但在操作过程中却比传统现浇井方便、安全、高效。在钢筋模板安装过程中需要搭设脚手架，装配化井室施工可以循环利用现有脚手架进行平行连续施工，以满足高效的施工要求。

井室预埋套管先在内模上按照设计要求，定位出套管位置，然后绑扎分布筋及洞口加强筋并将预埋套管与钢筋焊接固定，最后井室外模封闭。

在绑扎完内部双向分布筋及预埋套管加强筋后需要在内模上布置垫块，同时外模封闭前需要布置垫块，垫块要绑扎牢固、间距不超过 500×500 以梅花状布置（图 8.2-27）。

图 8.2-26　脚手架操作平台

图 8.2-27　装配阀门井钢筋、模板安装

4. 吊点设置

利用 ϕ20 钢筋在井室四个角上预埋吊环，吊装就位过程中采用两根钢丝绳对称锁定，然后进行吊装（图 8.2-28）。

5. 混凝土浇筑

因阀门井井壁与井底板一次连续浇筑，需要采用吊模施工，为便于施工，采用吊斗方式进行浇筑。浇筑时各阀门井底板依次浇筑，既提高起重机使用效率，又满足吊模施工工艺要求（底板混凝土终凝前浇筑井壁，底板与井壁浇筑时间间隔不超过 2h）（图 8.2-29）。

6. 吊装就位

吊装重量 Q=2.5 ~ 10t；

吊装距离 R=5m。

根据起重机性能参数表，采用 25t 起重机吊装，将阀门井吊装至相应的位置（图 8.2-30）。

7. 土方回填

阀门井吊装和管道安装完成后，进行土方回填。回填至相应的标高后，采用脚手架管搭设临时围挡。挂上标识牌，洞口采用临时盖板封住（图 8.2-31）。

采用阀门井装配化施工，便于现场文明施工管理，同时能够提高工效，减少起重机的使用，经济效益率达到 30%，操作简便，安全性高，减少了坑底作业风险。

图 8.2-28　阀门井吊装吊环

图 8.2-29　阀门井内模吊模

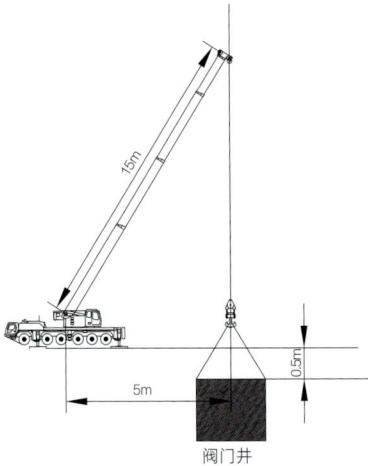

图 8.2-30 阀门井

图 8.2-31 围挡和标识

8.3 智慧化管理

8.3.1 安全智慧工地建设

本项目为大型石化项目，钢结构、管道、设备安装难度大，体量大，场地较大，作业面广，施工作业人员众多，安全管理难度较大。通过安全智慧工地使用，辅助项目安全管理，提高项目管理效率。中建智慧安全平台包括安全体系建设、安全检查、危大工程、大型机械、安全教育、视频监控等多个维度的安全信息化管理，将现场管理动作集成管控，用数字化手段确保项目安全管理的合法合规（图 8.3-1）。

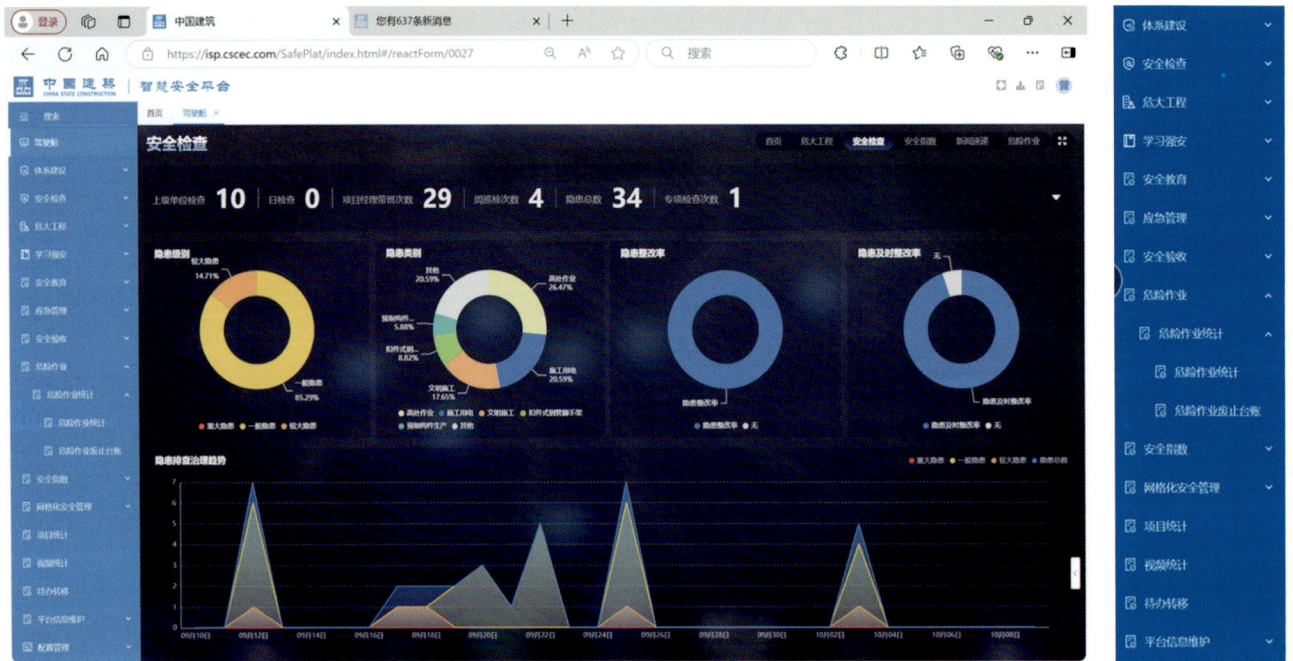

图 8.3-1 安全管理平台界面

1. 项目体系建设

项目部对安全员统一管理，共计配备 38 名安全管理人员，安全管理人员信息录入系统。

2. 安全教育及可视化交底

作业人员在入场前进行安全教育，培训采用了安全教育培训智能箱和 VR 可视化交底。

（1）安全教育培训智能箱

安全教育培训智能箱是多功能为一体的培训考试设备，将专业安全培训所需的硬件、软件、课件集成于一个智能箱之中，可在不同培训条件下进行，采用易于理解、寓教于乐的多媒体培训方式，实现作业人员和管理人员的安全培训、日常培训及试卷考试等（图 8.3-2）。

（2）作业人员在进场后，进行脚手架、吊装、高处作业、受限空间、临时用电等安全专项培训（图 8.3-3）。

图 8.3-2　安全教育培训智能箱

图 8.3-3　安全交底

（3）VR 可视化交底

本项目通过使用 VR 虚拟现实仿真技术，让施工人员在虚拟环境中体验将要面对的问题以及危险，身临其境，给施工现场管理人员和作业人员带来了更加直观的视觉感受。使用者在自然的状态下，使用配套的交互设备，通过自身的感知器官，将虚拟出来的环境信号传入大脑，让人能在虚拟的场景中得到视觉感知、听觉感知、触觉感知、运动感知等。虚拟环境中的物体可以通过人工操作，使其能够与现实生活中的物理运动相同。项目根据石化项目，特别定制了石化 VR 体验馆，利用建模软件，制定了三维模型，再将三维立体图形模型转换为 VR 头盔可识别的信号，然后进行渲染，定制 VR 场景（图 8.3-4 ~ 图 8.3-6）。

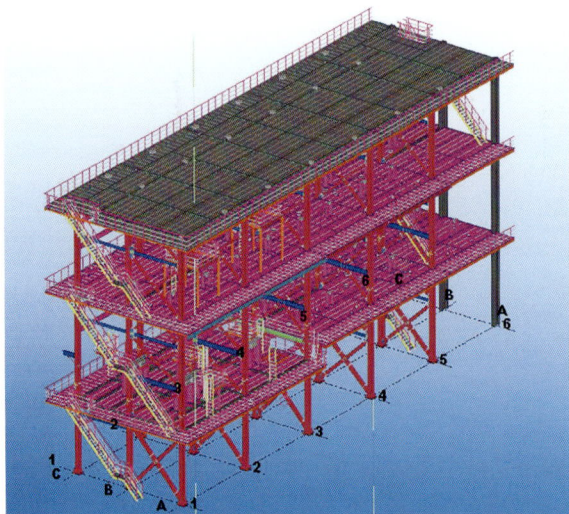

图 8.3-4　钢结构 BIM 模型

图 8.3-5　VR 模型

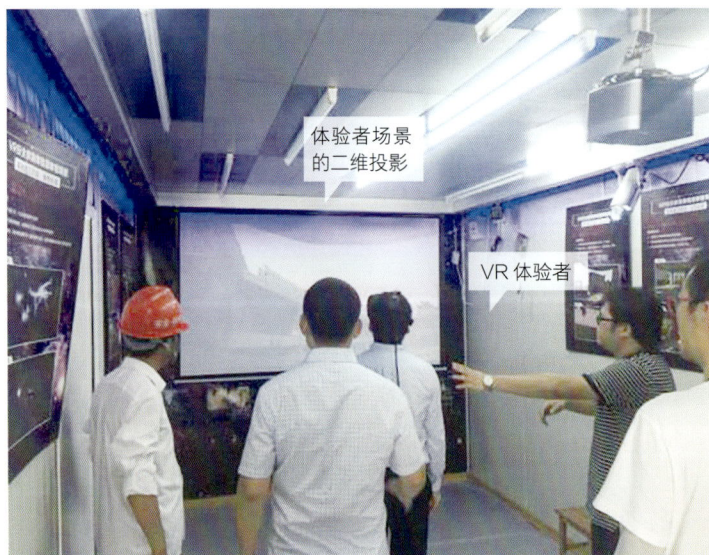

体验者场景的二维投影

VR 体验者

图 8.3-6　VR 虚拟现实仿真技术

项目部将石化施工中最常见的8大伤害做成了8个虚拟的事故场景，作业工人可以从视觉、听觉、感觉上切身体会到各种不安全操作带来的危害，从而达到警示的目的，让工人在实际施工中更加注意安全问题（图8.3-7～图8.3-9）。

图8.3-7　虚拟事故场景展示

图8.3-8　高处坠落展示

图 8.3-9　物体打击展示

现场建设的 VR 体验馆，极大地方便安全施工管理。采用集装箱，比起传统的体验馆，占地面积缩小几十倍，大大节约办公用地和施工用地；传统体验馆需要周转使用，VR 体验馆只需要将电脑主机及其配套的专用眼镜、传感器等设备搬走即可，省时省力（图 8.3-10）。

图 8.3-10　VR 体验馆

3. 安全检查

每周组织项目管理人员及各队伍负责人参加安全文明施工大检查（图 8.3-11）。

检查人员可以通过 APP 将检查问题照片，录入平台，选择隐患级别，可以实现自动下发隐患整改单，推送给相应施工人员，提醒整改（图 8.3-12、图 8.3-14）。

图 8.3-11　安全检查

图 8.3-12　手机 APP 隐患整改页面

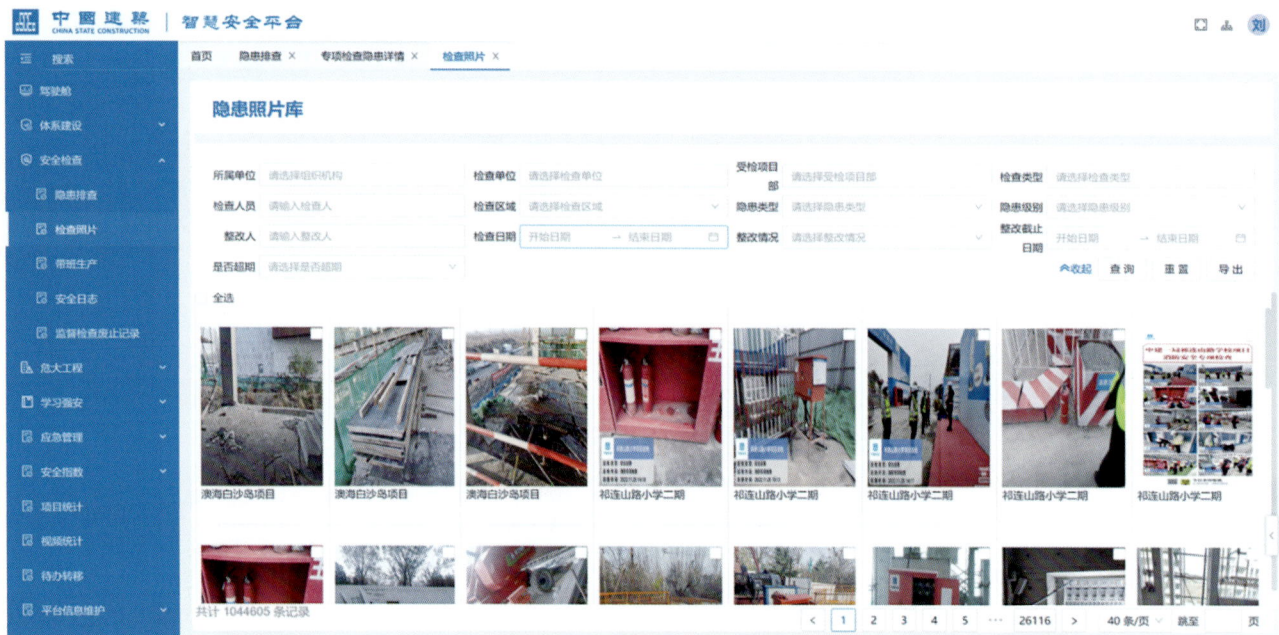

图 8.3-13　隐患整改照片界面

4. 危大工程和大型机械管控

通过输入危大工程清单和大型机械信息，识别危险源，可以进行危大工程和机械设备管控，明确验收内容、验收阶段、维保时间，帮助管理人员进行危大工程和大型机械管控。如塔式起重机验收不能跨越安装前、顶升前、拆除前阶段发起安装或安装验收阶段，提醒相关人员进行旁站。相关检查资料可以实现自动归档。

5. 视频监控

通过设置视频监控，连入平台，可以实时监控现场，对于现场一些危险情况，可以智能识别危险作业，上传至平台并提醒管理人员。

6. 劳务管理

通过闸机进行作业人员数量统计，实现作业人员全过程统计。

7. 安全奖励

通过安全智慧管理平台的隐患实时统计，汇总安全隐患发生最少的片区，确定安全专业管理队伍，开展行为安全之星活动（图 8.2-15）。

图 8.3-14　危大工程验收界面

图 8.3-15 行为安全之星奖励

8.3.2 质量云筑智联平台应用

项目部引入了"云筑智联质量管理模块",质量管理模块主要给施工过程工序验收、质量检查、资料收集等工作提供了一个综合平台,保证项目团队能够在各个施工阶段及时发现问题,并采取相应的纠正措施,避免不合格品进入下一道工序,从而保障整个项目的工程质量。项目可以及时检查质量整改情况,上传质量亮点。平台保存了全面、详实的质量数据档案,为后续的工程创优提供了丰富的数据支持(图 8.3-16)。

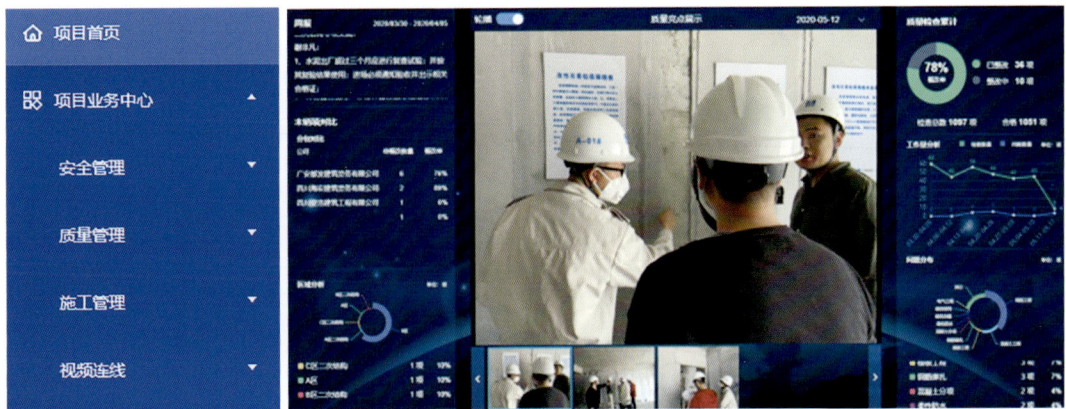

图 8.3-16 质量管理模块

第 9 章

推广技术

提升项目建造效率

通过总结在石油化工领域多个项目的建造经验，中建安装集团有限公司形成了一批成套施工技术。本项目对这些成熟施工技术成功进行了应用，总计 11 项，在确保施工品质和安全的同时，能够将成果有效地转化为实际生产力，提升了项目建造效率。

9.1　大型化工设备基础预留预埋施工技术

9.1.1　技术简介

常减压联合装置包含大型设备基础总计 28 个、压缩机基础 6 个，典型基础如常压塔、减压塔、初馏塔基础。大型设备基础的地脚螺栓通常采用预埋地脚螺栓，规格多、数量大且施工精度要求高，个别螺栓预埋一旦产生了较大的偏差，将直接影响各类设备的正常安装和调试。同时不合格基础的处理难度相当大，会带来较大的经济损失，影响工程进度，留下安全隐患。现场采用定制模具的措施，保证了设备基础的质量要求。

9.1.2　技术内容

1. 审核土建基础施工图和设备安装基础图

审查土建基础施工图中位置、标高、尺寸标注等是否有误，同时对照设备安装基础图核对基础尺寸、地脚螺栓的位置是否一致，完全无误后按图施工。

2. 根据工程设备基础的特点制作预埋地脚螺栓的模具

根据设备基础不同的特点制定相应的地脚螺栓固定方式和限位模具。

（1）塔器基础模具

针对现场的大型塔器设备，如 C-200、C-300、C-400，每个塔预埋地脚螺栓呈环形布置，采用 8 ~ 10mm 厚度钢板制作成环形法兰状限位模具（图 9.1-1）。

（2）地脚螺栓安装

为了保证地脚螺栓安装的精确度，基础绑筋和支模需相互配合。地脚螺栓下部设计有锚板，在绑筋施工到一定时候将地脚螺栓放入钢筋笼中相应位置。地脚螺栓吊起并通过卡具的定位孔，测量螺栓的垂直度和顶标高，用螺母调节高度，在完成初步校正后，使用钢筋将螺栓的底部及中间位置与钢筋笼联结。最终，对所有螺栓的中心位置、标高和垂直度进行复测，以确保安装的精确性（图 9.1-2）。

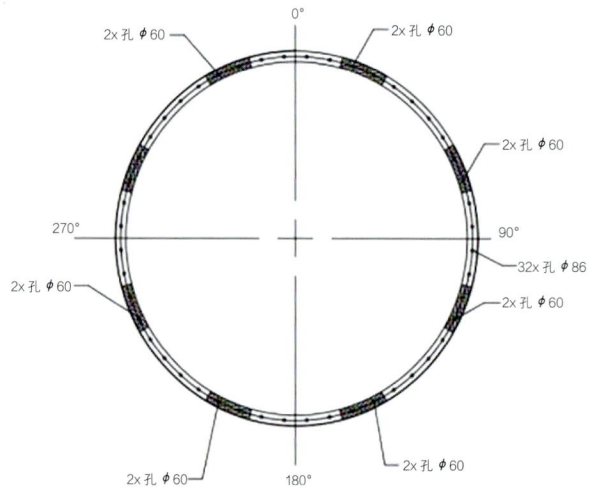

图 9.1-1　塔器设备基础地脚螺栓限位模具

图 9.1-2　地脚螺栓及限位模具安装

（3）压缩机基础预留螺栓孔

压缩机为转动、振动设备，预埋螺栓孔的平面中心位置和孔壁的垂直度必须满足设计要求，因此必须制作高精度的卡具。压缩机基础设计为 $\phi 100$ 的预埋地脚螺栓孔（通孔），基础混凝土厚度不一且超过 1m，预埋地脚螺栓孔的位置比较复杂，预埋螺栓孔套管采用 $\phi 114$ 的焊接钢管制作，基础下表面用 6mm 厚钢板做定位卡具，基础上表面地脚螺栓孔相应位置设置定位卡具，不同定位卡具间根据相对尺寸进行连接固定。

定位卡具的制作：先在平台上对定位材料进行拼接、满焊，打磨平焊口，并画出中心线位置，根据图纸设计，在定位材料上划出地脚螺栓的准确位置，加工孔，孔的直径比地脚螺栓直径大1mm。

卡具制作精度要求：

1）孔的加工精度内径偏差≤0.25mm；

2）孔的位置偏差≤0.25mm；

3）平面度≤0.25mm。

9.1.3　实施效果

通过大型化工设备基础预留预埋施工技术的应用，保证了设备安装质量和施工进度。

9.2　机组油系统快速油循环施工技术

9.2.1　技术简介

本工程包括6台螺杆压缩机。螺杆压缩机安装于压缩机厂房内，压缩机组现场采用快速油循环施工技术。通过对油路系统进行全面的清洗，去除油循环管路的杂质；调整循环油的温度，以确保油的流动性和循环效率；在油系统中引入惰性气体，以减少油的氧化和延长其使用寿命；增加油的流量，加快循环速度；提高油的流速，提高热交换效率；优化油循环过程，减少循环所需时间。

9.2.2　技术内容

（1）工艺流程：

施工准备→临时管线／滤网安装→电机单试→机身清洗及注油→油箱→油泵→油冷却器→过滤器→单向阀→进油总管→分支油管线→回油总管→油箱→正式管线安装→机内油循环→油质检验→油循环结束。

（2）施工工艺：

1）打磨油箱内的焊缝，清除焊渣、毛刺。清除油箱内的油污、积水。

2）油箱及高位油箱内部用海绵和清洁的面粉清洗干净。

3）油冷器、蓄能器、过滤器、回油视镜等设备的清洗，视设备出厂情况而定，经检查确认清洁度合格后方可安装使用。

4）油冷器需进行管程试压合格后方可使用。

5）对不锈钢管道进行酸洗。

6）油箱清理干净后，将取样抽检合格的润滑油通过滤油机注入油箱，使油箱液位保持略高于最低液位，以满足跑油时油泵的正常循环。

7）先外循环跑油合格后，再进行内循环跑油。

（3）冲洗：

设定好流程后，启动滤油机进行过滤，同时启动润滑油泵，通过泵出口安全阀副线阀调整泵出口压力控制在 0.5MPa 以内。检查各连接处是否有渗油或漏油现象，确认无问题后再逐步将润滑油泵出口压力提升至 1.0MPa。待上油总管压力表显示油压 0.3MPa、油温 40℃时，对每处润滑油管路焊缝及弯头处仔细进行检查是否有渗漏点。每 2h 捶击每个油管管道、弯头、阀门等（重点敲打阀门及焊接处）。

为了保证油冲洗质量，根据油泵流量，可分四个系统单独冲洗：

关闭其他相关阀门，单独对高位油箱冲洗；

关闭其他相关阀门，对进轴承箱管路单独冲洗；

关闭其他相关阀门，对压缩机轴承管路单独冲洗；

关闭其他相关阀门，对润滑油站旁路管线单独冲洗。

（4）当清理滤网时间延长至 4h 并无明显肉眼可见杂质时，切至润滑油备泵运行。

（5）当外循环合格后，由外循环进入内循环。

（6）提高油冲洗效果的方法：

1）加大油的流量，提高流速。在油路出现较大的流量和较高的流速下，冲洗才更为有效。

2）最大限度开大油泵的出口阀门，增大油泵的出口流量；但是，必须特别注意，泵和驱动电机不能超负荷运转、注意操作压力应保持在设计范围内。

3）在油泵出口流量不变的情况下，对油系统管线采用分段、分批的方法，即先冲洗油系统主管线，再分段冲洗油系统支管线。

4）在油冲洗期间，在油供应管线中注入过滤干净的氮气或仪表风，使油中充入气体，以加大油对管壁的冲刷力，缩短跑油时间。

5）采用电加热，提高循环油的温度，提高流动性，减少油循环时间。

（7）组外跑油合格后，再进行机内跑油。拆除临时接管，按照油路图安装油管，在过滤器内加入正式滤网。检查电路是否通电，调试系统连锁装置，动作应准确可靠。投干气密封，干气密封无误后，再启动油泵，开始机内油循环。当油过滤器内滤网无可见颗粒，滤网前后压差不大于 0.02MPa 时，机内油循环合格。将机内润滑油取样与新鲜润滑油送第三方检测分析，若油样与新鲜油成分不符，分析原因，确定是否需要重新进行油循环（图 9.2-1）。

9.2.3 实施效果

压缩机组油系统快速油循环施工技术减少了油运时间，保障了项目如期试运行，为工程项目的按时完成提供了有力保障。

图 9.2-1 压缩机组油循环

9.3 大型静设备内件安装技术

9.3.1 技术简介

本项目塔类设备总计 28 台，塔内结构以塔盘、填料为主。如初馏塔塔盘 22 层、常压塔 52 层、常压汽提塔总计 21 层，总计 845 层，减压塔、脱硫塔为填料塔。塔内件包括塔盘板、降液板、横梁、填料、溢流堰、分布器、通道板等内容；塔内件采用分段同时安装技术，可根据业主要求的工期节点，合理、紧凑地进行施工部署，保障塔内件安装的顺利进行（表 9.3-1、表 9.3-2）。

表 9.3-1　项目塔盘数量

序号	设备位号	设备名称	塔盘内部结构	
			型式	塔盘层数
1	1011-C-200	初馏塔	塔盘	22
2	1011-C-300	常压塔	塔盘	52
3	1011-C-301	常压汽提塔	塔盘	21
4	1012-C-610	吸收塔	塔盘	50
5	1012-C-630	脱吸塔	塔盘	40
6	1012-C-640	稳定塔	塔盘	50
7	1013-C-101	饱和干气脱硫塔	塔盘	20
8	1013-C-103	焦化干气脱硫塔	塔盘	20
9	1041-C-101	脱丙烷塔Ⅰ	塔盘	70
10	1041-C-102	脱乙烷塔Ⅰ	塔盘	55
11	1041-C-201	脱丙烷塔Ⅱ	塔盘	70
12	1041-C-202	脱乙烷塔Ⅱ	塔盘	55
13	1041-C-203	丙烯精馏塔A	塔盘	100
14	1041-C-204	丙烯精馏塔B	塔盘	100
15	1041-C-301	脱异丁烷塔	塔盘	120
总计	—	—	—	845

表 9.3-2　项目填料塔数量

序号	设备位号	设备名称	塔盘内部结构	
			型式	塔盘层数
1	1011-C-400	减压塔	填料	6
2	1011-C-410	减顶气脱硫塔	填料	—
3	1013-C-102	饱和液化气脱硫塔	填料	—
4	1013-C-104	焦化液化气脱硫塔	填料	—
5	1013-C-105	气柜气脱硫塔	填料	—
6	1013-C-201	碱液氧化分离塔	填料	—
7	1013-C-202	碱液气提塔	填料	—
8	1013-C-203	二硫化物蒸馏塔	填料	—

9.3.2 技术内容

1. 施工流程（图 9.3-1）

2. 塔体验收

施工前，对塔体进行验收：

（1）塔体内壁应没有严重的锈蚀情况，人孔法兰及人孔盖的密封面需完好；

（2）塔体需按要求进行找正、二次灌浆合格；

（3）塔体内部需清扫干净，不得有遗留的废料、垃圾；

（4）在安装塔盘之前使用红外线水平仪、玻璃管水准仪对塔内支撑圈进行检查，应测量支撑圈的水平度；

（5）确保支撑圈的顶面没有任何焊渣、脏物和垃圾，相邻两层支持圈的间距允许偏差不得超过 ±3mm，每 20 层内任意两层支持圈间距允许偏差不得超过 ±10mm。

3. 塔盘分段安装措施

根据塔盘总层数，塔中间硬隔离措施，将塔内部进行硬隔离，可将一台塔改为两段或三段，同时设置多组作业班组，分段同时施工。

4. 平台搭设

在每个塔器分段处设置操作平台。第一段由设备底部封头处开始，第二段在分段处下一层位置开始搭设，采用型钢或者脚手管、跳板搭设操作平台。

5. 内件验收、清点及预组装

内件在施工前 3 ~ 4d 组织开箱，内件开箱检查应在业主、厂家、施工单位等有关人员在场的情况下，对照装箱单及图纸进行检查和清点。

6. 塔盘预组装

塔盘安装前进行预组装，在平整的地面或平台上，按照施工图纸将一层塔盘的部件组装在一起，检查成型后的组合件几何尺寸是否符合图纸和设计要求，螺栓孔是否合适，每层的部件是否齐全。确认无问题后，按照层号、件号做好标识，并将连接件保管好，以防现场丢失。

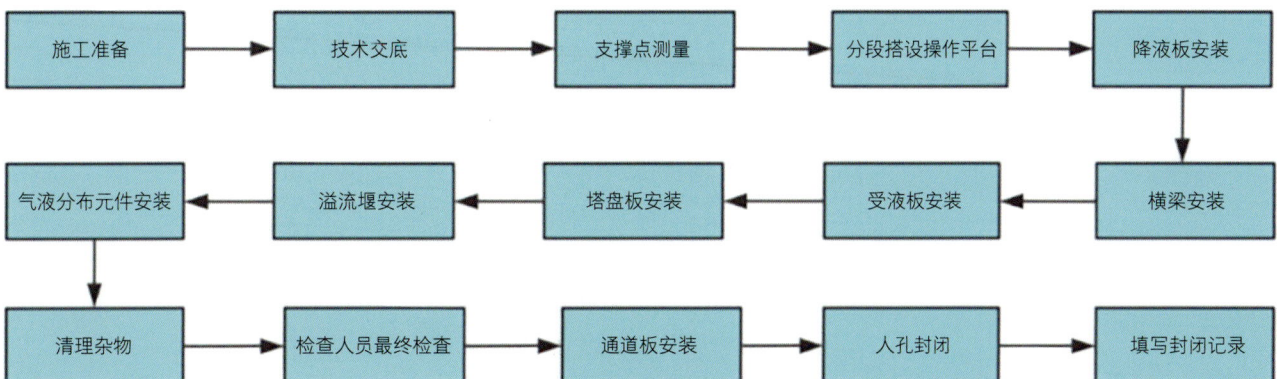

施工准备 → 技术交底 → 支撑点测量 → 分段搭设操作平台 → 降液板安装

气液分布元件安装 ← 溢流堰安装 ← 塔盘板安装 ← 受液板安装 ← 横梁安装

清理杂物 → 检查人员最终检查 → 通道板安装 → 人孔封闭 → 填写封闭记录

图 9.3-1 塔盘内件安装流程图

7. 塔内件吊装

（1）塔外内件根据不同的塔合理选用相应型号起重机或卷扬机。

（2）塔内件提升时做好保护，以免在吊运过程中，与脚手架、劳动保护平台、梯子等发生碰撞，引起内件变形。

（3）塔盘从人孔进入塔内时，注意保护人孔的密封面不被碰伤。

（4）塔内倒运及安装塔盘依靠电动葫芦完成。

8. 塔盘安装

（1）降液板、受液盘、溢流堰安装完成之后进行塔盘安装。

（2）安装前应清除表面油污、铁锈等。

（3）塔盘长度、宽度、局部不平度、整个板面内的弯曲度应符合要求。

（4）塔盘板的安装应在降液板、横梁的螺栓紧固后进行，先组装两侧弓形板，再由塔壁两侧向中心循序组装塔盘板。

（5）塔盘板安装时，先临时固定，待各部位尺寸与间隙调整符合要求后，再用卡子，螺栓予以紧固。

（6）每组装一层塔盘，即用水平仪校准塔盘水平度，水平度合格后，拆除通道板放在塔板上（图 9.3-2）。

9. 最终检查、清理及通道板安装

（1）浮阀安装后检查浮阀腿在塔盘孔内的挂连情况，浮阀腿煨弯长度及角度应符合设计要求，手从下边托浮阀时，应能上下活动，开度一致，无卡涩现象。

（2）塔盘全部安装完成后，进行最终检查，最终检查之后安装塔盘通道板、人孔盖，并进行封闭，填写"塔盘安装记录"。

（3）塔内检查人员须穿干净的胶底鞋，且不得将体重加在塔板上，应站在梁上面或木板上。

10. 填料塔内件安装要求

1011-C-400 减压塔内件由规整波纹填料、槽式液体分布器、桁架梁、分布管等构成，1011-C-410 为散堆填料。安装要求如下：

（1）填料起吊时，应放在特制的器具内，严禁用绳索直接捆扎填料起吊。装卸过程应轻拿轻放，以免破坏填料外型。

（2）填料支撑结构安装后应平稳、牢固；填料支撑结构安装后的水平度、通道孔径及孔距应符合要求，孔不得堵塞（图 9.3-3）。

（3）第一层填料与填料支承的相对方位参看图纸。以后每层填料走向与其下层填料波纹片走向呈 90°角交错安装；每块填料进塔后，应按序号摆放；填料块就位前应用装填工具将端头整形使其与塔壁相符；填料块之间应挤紧，不留缝隙，各块就位后，用装填工具调整各处的松紧度，并将各处踩实，必须使上下盘之间紧密接触，填料安装过程中不得带入任何杂物，铁丝及其他包装物不得留在塔内（图 9.3-4）。

图 9.3-2 塔盘安装

图 9.3-3 填料支撑

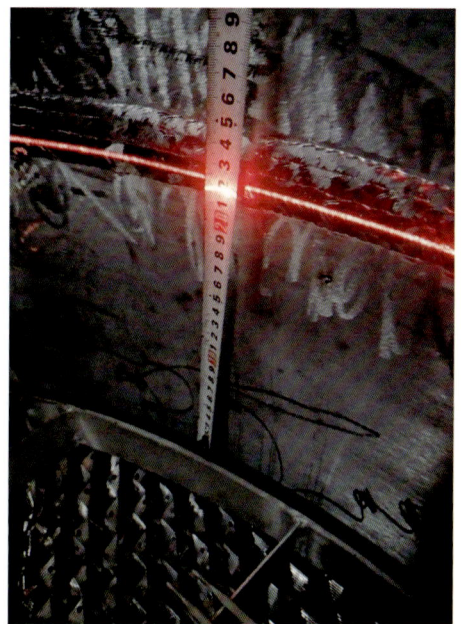

图 9.3-4 填料安装图

（4）散装填料颗粒应干净，不得含有泥沙、油污和污物等。

（5）填料颗粒在安装过程中应避免破碎或变形，破碎变形应拣出。

（6）颗粒填料规则排列部分应靠塔壁逐圈整齐正确排列。

（7）散堆颗粒填料也应从塔壁开始向塔中心均匀填平，填料的填充松紧度要适当，避免变形。填料层表面也应平整，杂物及时拣出。

（8）槽式液体分布器、桁架梁等安装要求与图纸备注一致。

9.3.3　实施效果

现场通过运用静设备内件分段安装技术，有效提高塔内件安装效率，缩短工期 30d，为项目整体施工进度提供保障。

9.4　卷帘式干式气柜平台、柜顶同步提升组装技术

9.4.1　技术简介

恒逸（文莱）PMB 石油化工项目公用工程有一台 20000m³ 威金斯式橡胶密封型气柜，密封段数为 2 段，该气柜主要用于储存燃料气（含 H_2S），气柜直径 ϕ34377mm，主体总高 33900mm，金属结构总重 650t。壁板高度为 28500mm，壁板厚度为 5～8mm，采用对接焊接。现场采用气柜平台、柜顶同步提升正装法进行施工，充分利用气柜本体环形走道平台，安装升降装置，转变成可升降式双层施工平台，可以提供多个作业面，在组对气柜壁板的同时，进行下层壁板的焊接。气柜柜顶提升装置采用 18 台 10t 的电动捯链均布在气柜内部水泥坝上，环形走道、T 形围栏及柜顶随气柜壁板安装进度同步提升。

9.4.2　技术内容

基础验收→气柜底板安装→活塞底板安装→壁板胎架安装→气柜顶安装→柜顶提升→壁板安装→双层作业平台→柱子对接焊接→配件安装→T 形围栏架→活塞构架安装→环形走道安装→密封胶帘施工→调平台架安装→放散装置安装→调试。

1. 基础验收及处理

采用沥青砂层表面应平整密实，无隆起、凹陷及贯穿裂纹，沥青砂层表面的凹凸度要符合要求。

2. 气柜底板铺设及焊接

中幅板铺设→中幅板焊接→边缘板铺设→边缘板焊接→检验→真空试验（图 9.4-1）。

3. 预制胎架准备

预制胎架准备见图 9.4-2。

图9.4-1　底板焊接

图9.4-2　预制胎架准备

4. 气柜顶安装

（1）柜顶安装

柜顶为柜顶拱架（主梁、环梁和加强筋组成）及柜顶板焊接结构，柜顶板厚为4mm，板间对接，且接头位于拱梁上。气柜顶架在柜底板上现场组装成柜顶桁架，然后利用起重机先安装相互垂直的四榀或八榀桁架，随后进行其他榀桁架的对称吊装（图 9.4-3）。

（2）柜顶提升

采用 18 根立柱顶部各加长 2m，用 M30 的对拉螺柱将吊架紧固在立柱上，安装提升吊架，以保证柜顶能提升到位。柜顶提升装置示意见图 9.4-4。

5. 壁板安装

壁板安装采用正装法施工，壁板共 19 圈，自下而上逐圈安装，第一圈壁板安装后提升柜顶安装第二圈壁板，依次向上安装各圈柜壁板，由下向上逐圈安装气柜壁板。

（1）壁板内侧每间隔 2m 设置一个支撑，用以调整柜壁垂直度，最后组对气柜壁板。

（2）气柜底板与第一圈壁板间角焊缝焊接顺序为：内侧点焊→安装防变形斜撑板→内角缝打底焊接→外角缝焊接→内角缝盖面焊接→打磨焊缝表面。

（3）第一圈壁板焊接时应选择一张位置合适的壁板不焊接，作为临时大门，用以安装气柜内件（图 9.4-5）。

图 9.4-3 柜顶板安装

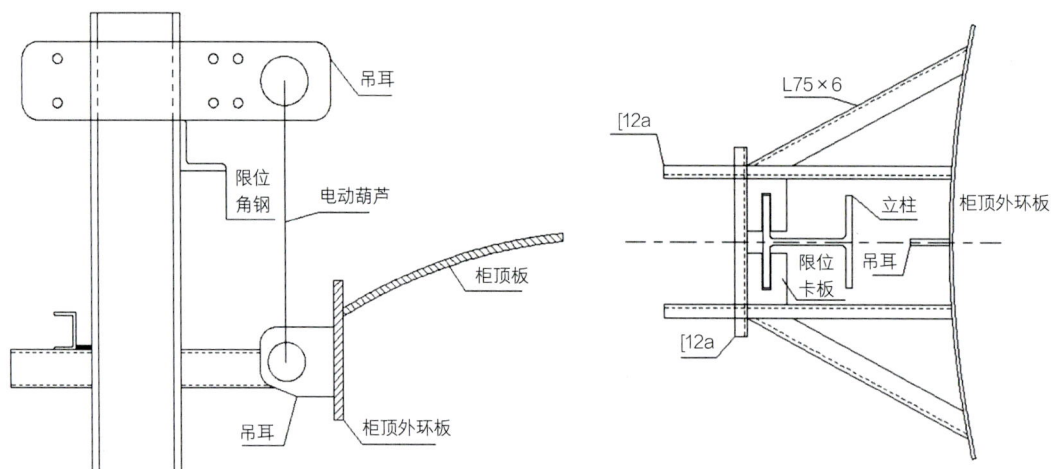

图 9.4-4 柜顶提升装置

图 9.4-5　壁板安装

6. 双层作业平台安装

（1）第一层壁板安装完毕后，即可以开始安装第一层作业平台（图 9.4-6）。

图 9.4-6　第一层作业平台

（2）第三层壁板安装完毕后，即可进行安装第二层作业平台（图9.4-7）。

（3）作业平台随着壁板的安装而提升（图9.4-8）。

7. 配件和 T 形围栏架台安装

配件包括柜壁通气窗、瓦斯气出入口、柜壁铁门、柜壁人孔、采样口、鼓风口、凝结液出口，随壁板的安装进行。T 形围栏架台安装要保证单片的垂直度及安装半径（图9.4-9）。

8. 环形走道的安装

环形走道共三层，随柜顶同步提升（图9.4-10）。

9.T 形围栏和密封胶帘施工

T 形围栏直接在 T 形围栏架台上组装。密封胶帘分内圈密封帘和外圈密封帘（图9.4-11）。

图 9.4-7　第二层作业平台

图 9.4-8　双层作业平台

图 9.4-9　围栏架台安装

图 9.4-10　环形走道随柜壁进度同步提升

10. 调平架台和放散装置安装

调平导轮支架整体预制，待柜顶施工完成后整体安装；配重导架随壁板安装，在环形走道处分三段进行安装；直梯、栏杆、斜撑待调平导轮支架安装后安装。安装托轮底座、滑轮和配重。

放散管分段安装，最上段待放散平台安装后再安装。放散阀为组合件，安装于放散管顶部，放散阀自动启闭装置中滑轮组安装于气柜顶部，手动卷扬机安装于柜壁外侧底部，滑轮组及手动卷扬机安装位置可适当调整以保证连接钢丝绳不被气柜部件卡涩。

11. 调试

气柜主体和附属装置安装完成后，应进行气柜总体调试，包括试运转调试和气密性试验，试验介质为空气。鼓风机风力应使活塞上升速度不低于 1.0m/min 为宜；在柜外壁配重块轨道位置上每 1m 作一临时标记，以便观测活塞升降位置和倾斜情况；试运转以充气的方式进行，包括活塞慢速升降、活塞快速升降以及各部装置的试验和调整。主要检测气柜的柜内气体工作压力值及波动值、活塞密封处间隙、密封膜外观等内容；试验中止及终了时，不得将活塞停在最低位，应保留 2.0m 高度。如需将活塞停在最低位，必须将进出气闸阀打开，防止形成负压，造成破坏。

9.4.3　实施效果

气柜柜体安装采用紧固于气柜立柱的提升装置提升柜顶和壁板组装焊接作业平台，利用起重机吊装组对柜壁板的方法，避免了使用大量的脚手架，实现了气柜的无脚手架施工，节约 3498m² 脚手架（图 9.4-12）。

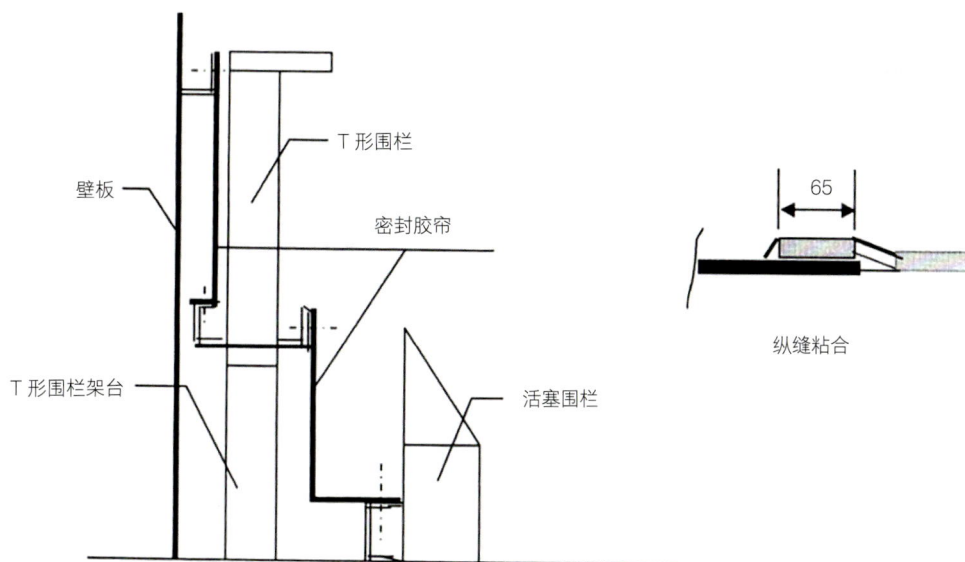

图 9.4-11　密封胶施工节点图

图 9.4-12　20000m³ 干式气柜施工现场图

9.5　化工机组无应力配管施工技术

9.5.1　技术简介

本项目有 6 台压缩机 K-601A/B/C，K-001A/B/C。6 台压缩机出入口管线材料各异，出入口管线管径大，配管技术要求高，安装质量及管道内部清洁度要求严格，为避免因管线附着应力对压缩机运行时产生位移或振动，进而影响机器正常运转，现场采用化工机组无应力配管施工技术，通过百分表观察，确保始终没有任何外力作用在机体上，以保证机组的正常运行和设备的长期稳定性。

9.5.2　技术内容

1. 管道预制

（1）根据设计图纸和现场实际情况，进行管道的预制工作。预制过程中，确保管道的尺寸准确、切口平整，固定口位置应利于管道无应力配管调整时的要求。

（2）对预制好的管道进行标识，标明管道的规格、材质、流向等信息，以便于安装时的识别。

2. 支吊架安装

（1）根据设计要求，安装管道支吊架。支吊架的类型和数量应根据管道的重量、温度、压力等因素进行合理选择。

（2）支吊架的安装位置应准确，牢固可靠，同时考虑管道自重的影响。在安装过程中，要注意调整支吊架的高度和水平度，确保管道的安装精度。

（3）如图 9.5-1 所示，弹簧支架和弹簧吊架的安装标高和纵横线均应视管线（横管段与水平管段）安装的实际标高和纵横轴线的尺寸来定。安装后初步调整到设计规定的负载值，待管线安装保温等全部工作结束后最终调整。

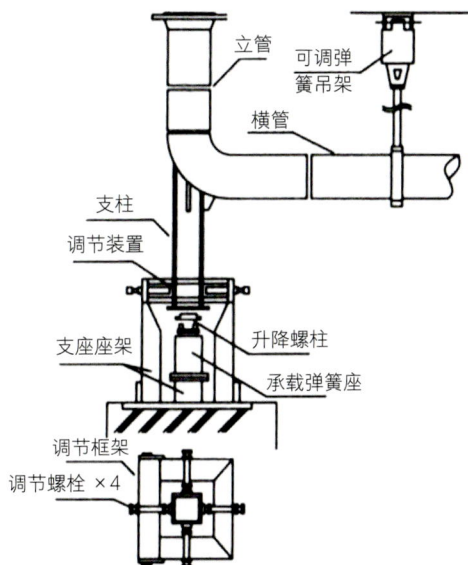

图 9.5-1　支架安装示意图

3. 管道安装

（1）将预制好的管道按照设计要求进行安装。在安装过程中，要注意管道的连接方式和连接质量，确保管道的连接紧密、无泄漏。

（2）对于采用柔性连接的部位，要确保连接部件的安装正确，密封良好。在安装过程中，要注意保护柔性连接部件，避免受到损坏（图 9.5-2）。

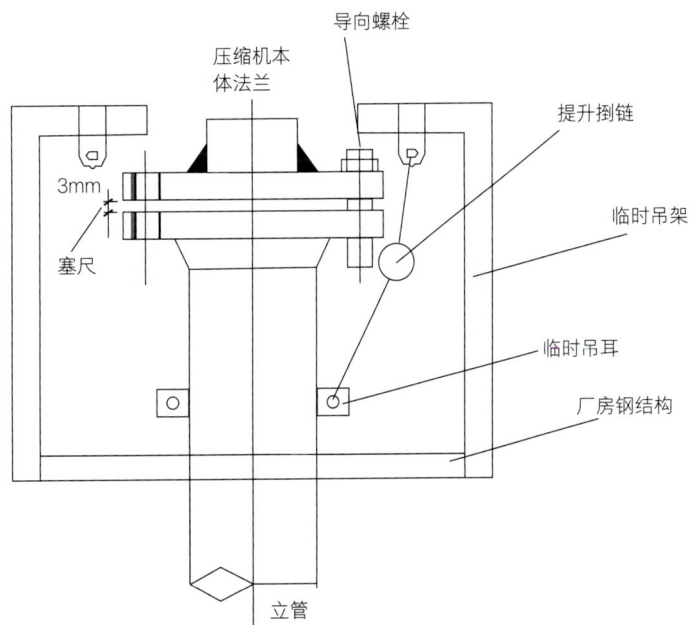

图 9.5-2　管道安装示意图

4. 联结紧固

（1）在所有管线配管及保温施工全部结束，合格后进行。

（2）紧固前，检查（调整）两项内容：

1）两联结法兰间的间距，平行度与对中度，调整所有的弹簧吊架与弹簧支座至规定的设计负载值。在两联结法兰之间加入垫片，并微调弹簧支座，使两法兰均匀贴合。

2）复测压缩机的同心度，再次确认配管无应力附加在机组本体上，并在机组本体（支腿与联轴器）上设置百分表在螺栓联结紧固过程中进行监测。

（3）法兰联结螺栓的紧固，应对称交错进行，螺栓的紧固力应按初拧紧和终拧紧来达到，初拧紧应按紧固值 60%，终拧紧达到紧固值 100%。紧固必须一组一组地进行，不允许两组或两组以上同时进行。

5. 管道调整

（1）在试压等工作结束后，检查水平度及同心度，并根据结果相应调整弹簧支、吊架高度和拉杆长度即可，在管道安装完成后，进行管道的调整工作。

（2）在调整过程中，弹簧支、吊架的定位锁片必须处于锁定状态，其高度的调节通过调节弹簧支、吊架上方圆盘来实现。

（3）在初检合格后，去掉管线上所有弹簧支、吊架定位锁片，观察约 4 个小时后，复检。复检合格后，压缩机无应力配管的调试工作正式结束，可按照有关方面提供的紧固数据，以相应的紧固工具进行紧固。调整的方法可以采用千斤顶、手拉葫芦等工具，对管道进行微量调整。在调整过程中，要注意观察管道的变形情况，避免过度调整导致管道损坏（图 9.5-3）。

9.5.3 实施效果

在 K-601A/B/C，K-001A/B/C 压缩机的配管中，按照合理的施工顺序进行操作，确保了管道与机组的连接无应力。项目建成后，K-601A/B/C、K-001A/B/C 设备运行稳定，设备振动和泄漏问题明显减少，缩短压缩机调试时间，节约成本（图 9.5-4）。

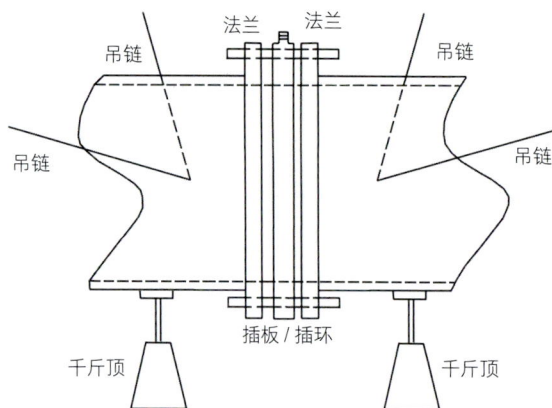

图 9.5-3　管道调整示意图

图 9.5-4　压缩机无应力配管

9.6　工艺管道试压包编制技术

9.6.1　技术简介

恒逸（文莱）PMB 石油化工项目，装置多、管道多、材质复杂，试压资料复杂，通过焊接管理信息系统，结合现场实际情况，对施工资源进行合理分配，进行归纳整理修改，有序整理试压包资料，最后形成了 300 多个试压包，使得工艺管道的试压顺利展开。

9.6.2　技术内容

（1）工艺管道的试压包编制涉及两个主要方面：

1）确立试压流程；

2）整理、编制试压需求资料。

（2）划分原则：

1）依据 PID 图和单线图，将连接在一起的管道按试验压力、介质相同的划分为一个试压包；不同试验压力、材质、介质的管道划分为不同的试压包。

2）有禁油要求的管线与无要求的管线分开。

3）已经清洁干净的管线与未清洁的管线分开。

4）试压介质不同的管线分开。

5）设备一般情况下不划分在试压包中。

6）管道上的安全阀、防爆元件、调节阀等不适合参与试压的部件，应在试压包中标注隔离或拆除。

7）管道等级相同试压介质相同、位置相邻的多个试压包可通过临时管连通后一起进行压力试验，试验压力就高不就低。

在编制试压包时，必须遵守规定，通常情况下，最大试验压力差值不超过 0.5MPa。

8）试压包上特别标注出设备连接处的盲板隔离点，列出试压前需拆除的仪表元件，明确标示上水点、放水点和压力表点。

（3）试压包资料：

一个完整的试压包应包括管线清单、试压管线的工艺管道流程图、单线图管线检查尾项单、管道支吊架检查记录、焊接记录、无损检测报告、热处理报告、硬度报告、材料光谱分析报告、管道系统试压临时盲板安装与拆除记录、管道系统安装检查与压力试验记录。焊接管理系统内可以直接导出试压包的管线清单及资料。

（4）试压包编制方法：

1）根据管道命名表（管道特性表）整理管道单线图（图 9.6-1）；

2）建立以单线图为单元的焊接数据库；

3）初步选择相同材质和试验压力的管线，拟做一个试压包并按装置－介质－系列号命名（图 9.6-2）；

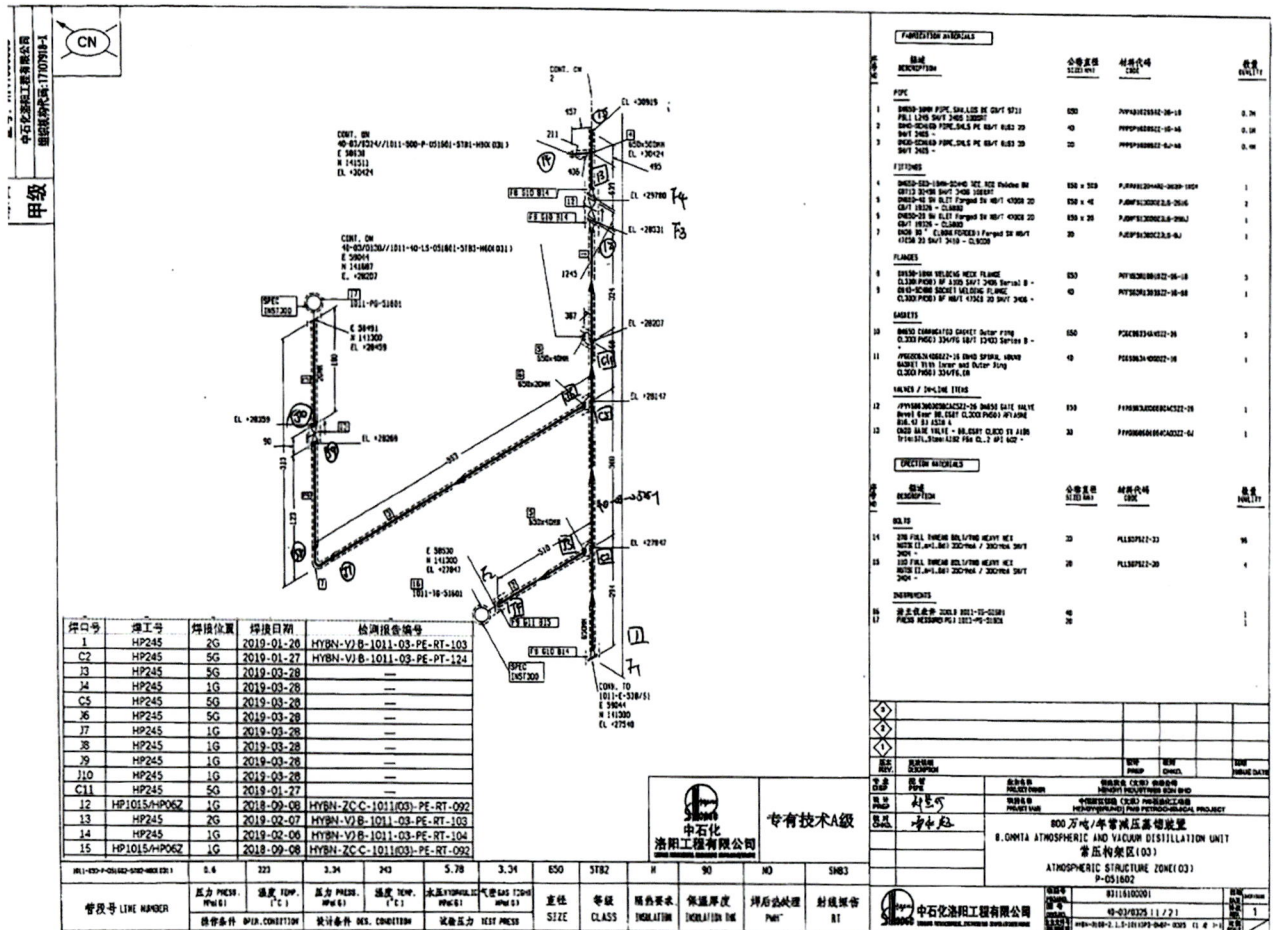

图 9.6-1　管道单线图

管 道 系 统 试 压 包 封 面

工程名称：恒逸（文莱）PMB 石油化工项目	装置名称：800 万吨／年常减压蒸馏装置
施工单位：中建安装工程有限公司	项目分部：常减压、硫磺分部
管道系统：脱盐油	试压包号：1011-P-2-1（A）

<table>
<tr><td colspan="5" align="center">试 验 记 录</td></tr>
<tr><td align="center">试验类别</td><td align="center">设计压力（MPa）</td><td align="center">设计温度（℃）</td><td align="center">耐压试验压力
（MPa）</td></tr>
<tr><td>水 压　■</td><td align="center">3.34</td><td align="center">243</td><td align="center">5.78</td></tr>
<tr><td>气压　□</td><td></td><td></td><td></td></tr>
<tr><td>目视　□</td><td></td><td></td><td></td></tr>
<tr><td>运行　□</td><td></td><td></td><td></td></tr>
</table>

附件：

■　1、管道系统试压包准备工作检查表

■　2、管道系统耐压试验条件确认与试验记录　　　　　　　　SH/T3503-J406

■　3、管道试压包流程图

■　4、管道单线图（轴测图）

■　5、管道焊接工作记录　　　　　　　　　　　　　　　　SH/T3543-G403

■　6、管道焊接接头射线检测比例确认表　　　　　　　　　SH/T3503-J412

■　7、射线检测结果确认表　　　　　　　　　　　　　　　SH/T3503-J121

■　8-1、射线检测报告　　　　　　　　　　　　　　　　　SH/T3503-J122

□　8-2、焊缝超声检测报告　　　　　　　　　　　　　　　SH/T3503-J123

■　8-3、渗透检测报告　　　　　　　　　　　　　　　　　SH/T3503-J127

■　9、管道焊接接头热处理报告　　　　　　　　　　　　　SH/T3503-J411

■　10、硬度检测报告　　　　　　　　　　　　　　　　　SH/T3503-J129

■　11、弹簧支／吊架安装检验记录　　　　　　　　　　　SH/T3503-J403

□　12、滑动／固定管托安装检验记录　　　　　　　　　　SH/T3503-J404

□　13、管道补偿器安装检验记录　　　　　　　　　　　　SH/T3503-J405

■　14、管道系统试压包盲板安装、拆除记录

□　15、氯离子含量检测报告

■　16、管道系统试压包尾项清单

注：选择项采用签字笔将符号"□"以手工涂成"■"表示。

图 9.6-2　试压包封面

4）查找所选介质的工艺管道系统图，参照该系统图绘制试压包流程图，图面需标注管线号、管径、流向、隔离盲板及其编号、上水点、试压泵及临时管路、高低位压力表、放空点，以及试压包号、试验介质、试验压力，并进行数据录入及归类管理（图 9.6-3）。

（5）管道系统压力试验条件确认并记录（图 9.6-4、图 9.6-5）。

9.6.3 实施效果

通过工艺管道试压包编制技术的应用，减少了现场管理人员的工作量，促进了工艺管道尾项的销项施工，为工艺管道顺利试压奠定了良好的基础。

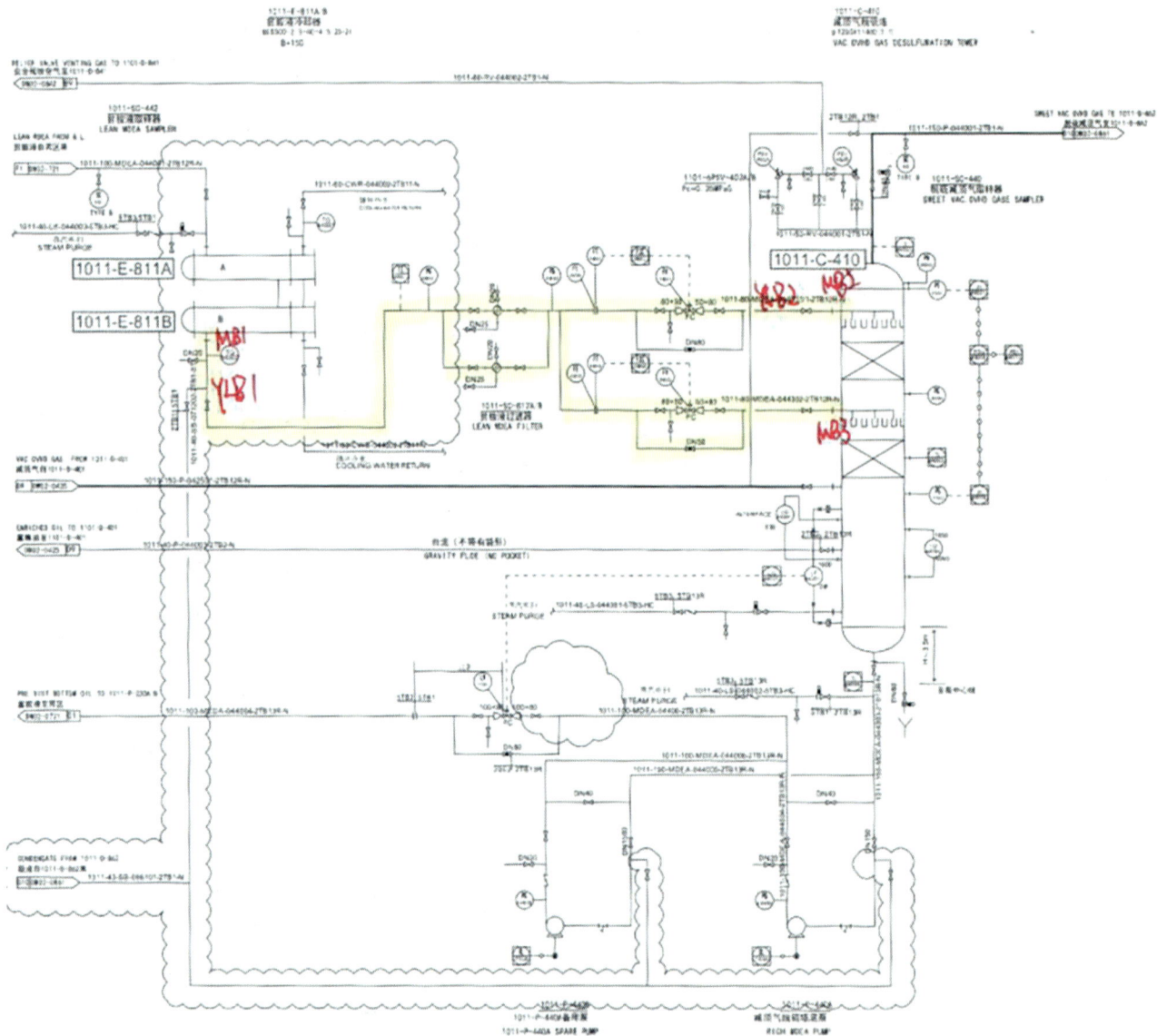

图 9.6-3 试压包流程图

管 道 系 统 试 压 包 准 备 工 作 检 查 表

装置名称　　800 万吨／年常减压蒸馏装置

管道系统　　脱盐油

试压包号　　1011-P-2-1（A）

序号	工作说明	状态		备注
		是／否	有／无	
1	是否按终版设计文件施工，轴测图中有无完整的可追溯性标识信息	是	有	
2	是否存在设计变更，有无材料代用	是	无	
3	管道焊缝是否有完整的焊接工作记录，管道安装有无内洁确认	是	有	
4	管道部件材质使用是否正确完好，表面有无污物、破损及损坏	是	无	
5	是否存在需要进行合金元素含量验证性检查的铬钼合金钢管道焊接接头，有无需要进行铁素体含量检查的焊接接头	否	无	
6	是否存在静电接地设计，有无按规范及图纸施工完毕	否	／	
7	管线是否与设备焊接连接，不允许参与试压仪表元件卸除后有无代以合适的短管	否	／	
8	连接螺栓是否使用正确，螺栓端部有无正确的色标标识	是	有	
9	是否存在有预紧力或力矩的法兰，其连接螺栓紧固力矩值有无确认	否	／	
10	弹簧支、吊架是否正确安装，有无定位块	是	无	
11	管道是否存在预拉伸／预压缩的设计文件要求	否	／	
12	是否存在不按介质流向确定安装方向的带方向阀门，有无按设计要求安装	否	／	
13	是否采用供蓄水设备，试压用水有无可回收并循环使用设置	是	有	
14	安装有 2 个压力表，其中一个在管线系统最高点。压力表经过校验并在有效期内。压力表号 No:1 1B0831058　　No:2: 1B0720021V	是	无	
15	不锈钢管道试验用水是否已检测，其氯离子含量有无超标	／	／	
16	临时盲板是否满足强度要求，临时盲板及临时垫片有无标牌	是	有	

施工单位	EPC 总承包	建设单位	特检院

日期：　2019.00.10.

图 9.6-4　试压条件确认

SH/T 3503-J406-1	管道系统耐压试验条件 确认与试验记录（一）	工程名称：恒逸（文莱）PMB 石油化工项目 单元名称：800 万吨／年常减压蒸馏装置

系统名称	脱盐油	系统编号	1011-P-2-1（A）

检 查 项 目 与 要 求	检 查 结 果
管道安装符合设计文件和规范要求	符合
管道组成件复验合格	一
焊接工作记录齐全	符合
无损检测结果符合设计文件和规范要求	符合
热处理结果符合设计文件和规范要求	符合
支、吊架安装正确	符合
合金钢管道材质标记清楚	一
不参与管道系统试验的安全附件、仪表已按规定拆除或隔离，参与试压的系统内的阀门全部开启	符合
临时加固措施、盲板位置与标识符合施工方案要求	符合
焊接接头及需要检验的部位未被覆盖	符合
试压用压力表量程、精度等级、检定状态符合规范要求	符合
不锈钢管道试验用水符合规范要求	一

试 验 记 录							
管道编号	设计压力 MPa	设计温度 ℃	试验环境 温度 ℃	试验介质	试验介质 温度 ℃	耐压试验 压力 MPa	严密性 试验压力 MPa
1011-300-P-051001-5TB1-H70（031）	3.34	171	31	工业用水	26	5.78	3.34
1011-300-P-051002-5TB1-H70（031）	3.34	182	31	工业用水	26	5.78	3.34
1011-350-P-051003-5TB1-H70（031）	3.34	213	31	工业用水	26	5.78	3.34
1011-350-P-051102-5TB1-H80（031）	3.34	239	31	工业用水	26	5.78	3.34
1011-650-P-051602-5TB2-H90（031）	3.34	243	31	工业用水	26	5.78	3.34

检验结论： 合格

建 设 ／ 监 理 单 位	总 承 包 单 位	施 工 单 位
专业工程师：	专业工程师：	专业工程师： 质量检查员： 施工班组长：
日期： 2019. 年 04月13日	日期： 年 月 日	日期： 2019 年 04月12日

图 9.6-5　试压记录

9.7　铬钼耐热钢焊接及热处理技术

9.7.1　技术简介

恒逸（文莱）PMB 石油化工项目，常减压联合装置中包含12Cr5Mo 合金钢材质管道总计 2539m，直径为 DN15 ~ DN550。12Cr5Mo 钢材的焊接过程中容易出现裂纹、气孔、夹渣等焊接缺陷并具有冷裂纹倾向，这对工程的安全运行构成了潜在威胁。12Cr5Mo 钢管道的焊接是此项目管道施工质量控制的重点和难点，根据焊接工艺要求，焊件焊前需要预热，焊后应采取热处理措施。施焊焊工必须具备相应资格，通过焊工考试合格后持证上岗，应严格按焊接工艺指导书编制的焊接工艺卡进行施焊。

9.7.2　技术内容

1. 12Cr5Mo 焊接工艺流程（图 9.7-1）
2. 12Cr5Mo 钢材的化学成分（表 9.7-1）

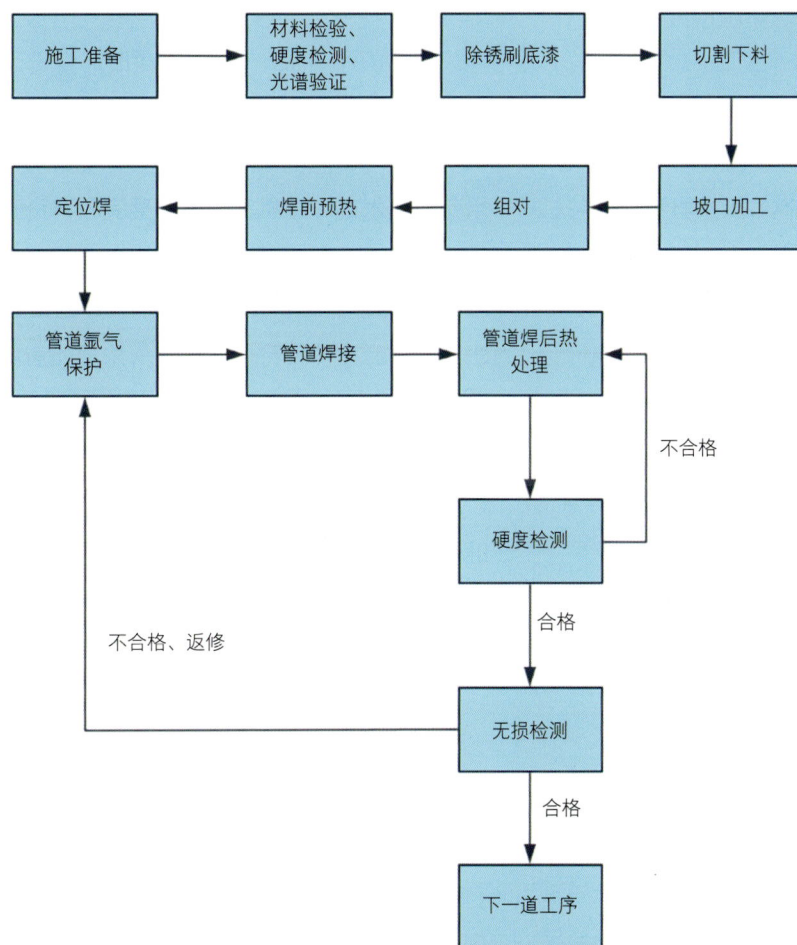

图 9.7-1　铬钼钢焊接工艺流程

表 9.7-1 12Cr5Mo 耐热合金钢的化学成分（质量分数）表（%）

C	Si	Mn	Cr	Mo	Ni	P	S
≤ 0.15	≤ 0.5	0.3 ~ 0.60	4.00 ~ 6.00	0.4 ~ 0.60	≤ 0.60	≤ 0.04	≤ 0.03

3. 焊接工艺

（1）焊接方法，为保证焊接质量，同时提高工作效率，控制焊接成本，选取手工钨极氩弧焊打底；焊条电弧焊填充、盖面的方法。

（2）焊材选择，为使焊接接头具有与母材相当的高温强度、高温抗氧化性，选用焊材型号为 ER55-B6 和 E5515-5CM。

（3）坡口形状和尺寸，为了使坡口根部成形良好，便于操作，采用 V 形坡口。

（4）焊接参数选择如表 9.7-2 所示。

表 9.7-2 焊接参数表

接头简图						
材质	12Cr5Mo			12Cr5Mo		
覆盖厚度范围	3 ~ 11mm			11 ~ 20mm		
层次	1	2 ~ 3		1	2	3 ~ 5
焊接方式	GTAW	SMAW		GTAW	SMAW	SMAW
焊材型号	ER55-B6	E5515-5CM		ER55-B6	E5515-5CM	E5515-5CM
焊材规格（mm）	ϕ 2.4	ϕ 3.2		ϕ 2.4	ϕ 3.2	ϕ 3.2
电源极性	正接	反接		正接	反接	反接
焊接电流（A）	100 ~ 130	90 ~ 110		100 ~ 130	90 ~ 120	100 ~ 130
电弧电压（V）	11 ~ 16	22 ~ 26		11 ~ 16	22 ~ 26	22 ~ 26
焊接速度（cm/min）	6 ~ 10	7 ~ 11		6 ~ 10	7 ~ 11	7 ~ 11
气体流量（L/min）	15 ~ 20	—		15 ~ 20	—	—
线能量（kJ/cm）	≤ 16.5	≤ 22		≤ 18	≤ 26	≤ 26
焊前预热	焊前预热温度		250 ~ 350℃			
	预热方法		电加热法			
	层间温度		≤ 350℃			
焊后热处理	热处理温度		750 ~ 780℃			
	恒温时间		2h			

4. 焊接过程

（1）管口组对前，应将坡口表面及其两侧母材内外表面附近范围内的氧化物、油污、熔渣、毛刺及其他有害杂质清理干净，并打磨至露出金属光泽。

（2）用厚度 50mm 以上的海绵做好充气堵头。

（3）天气不好时，如空气湿度 > 90%，氩弧焊时风速 > 2m/s，焊条电弧焊时，风速 > 8m/s，应做好相应的防护措施。

（4）点焊前采用组对工具，组对固定，加热至 250 ~ 350℃，然后点焊，每点选用搭桥方法点固焊缝，一般 3 点，每点长 5mm。

（5）充气用海绵将点固好的焊缝两侧堵好，进行充气保护，气体流量 15 ~ 20L/min，焊缝采用锡箔纸或保温棉封堵。

（6）预热采用电加热方式预热，加热温度控制在 250 ~ 350℃，测量温度用红外线测温仪或测温笔。

（7）焊接用手工钨极氩弧焊打底时，须一次连续完成，充气流量在 8 ~ 12L/min，防止焊道根部氧化。目测检查打底焊道外观无缺陷后用焊条电弧焊进行填充层焊接，将气体流量调至 5 ~ 10L/min，填充层每根焊条熄弧时，熄弧处应该在焊缝坡口边缘处，可避免收弧裂纹或缩孔，焊后要进行清理。盖面层须连续一次焊完，表面不能有咬边等缺陷。

5. 焊后热处理

根据 12Cr5Mo 材料特性，为了减少冷裂倾向和淬硬性，加速氢的逸出，焊接工作完成后，应立即进行焊后热处理，升温过程中对 300℃以下可不进行控制，升温至 300℃后，升温速度 ≤ 220℃ /h，当温度达到 750 ~ 780℃时保温 2h，然后以小于等于 260℃ /h 冷却（图 9.7-2）。

6. 焊接检验

按设计技术要求进行射线无损检测，质量要求 Ⅱ 级及 Ⅱ 级以上合格。

9.7.3　实施效果

通过铬钼耐热钢焊接技术的应用，提高了焊接质量，焊接一次合格率提高到 98%，减少了焊接缺陷的产生，为装置顺利安全运行提供了保障。

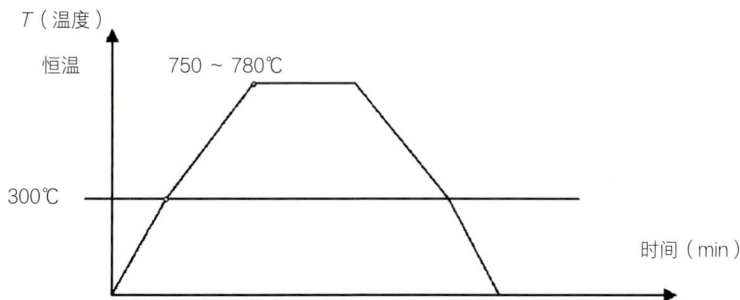

图 9.7-2　铬钼钢焊接工艺流程

9.8　大截面长距离高压电缆施工技术

9.8.1　技术简介

项目 66kV 全厂供配电系统是总变电所到各个装置变电所、配电室的供电"大动脉"，高压电缆共计 106km，其中 66kV 电压等级电缆 60km，10kV 电压等级电缆 46km。高压电缆的施工质量直接关系到整个厂区的安全、平稳运行。为了避开石化装置的防爆区域，66kV 全场应急启动回路的 ZRA-YJV-48/66kV-630mm^2 电缆单根敷设长度达 1982m（电缆盘尺寸：4200 盘径 ×1800 筒径 ×2300 外宽，重量约为 25.8t），总变电所至装置 / 区域变电所供电回路 ZRA-YJV-48/66kV-300mm^2 电缆单根敷设长度为 1987m（图 9.8-1）。

由于单根电缆长度的超长，如果采用常规的多台电缆输送机输送，单根高压电缆将受到几十台输送机的挤压与输送，容易造成电缆内部构成结构分离，外护套磨损严重，影响高压电缆绝缘性能。另外，敷设路径复杂，电缆敷设过程中容易脱离平板滑车，造成电缆的损伤。

项目借鉴高压架空线路中的液压张力机，引进液压牵引机作为高压电缆的输送动力，研发了一个多用途电缆滑车，来避免电缆在敷设过程中脱离滑车、电缆绝缘层磨损严重等难题，研发了超长距离、大截面高压电缆施工技术。该技术采用高压电缆"长距离液压牵引，短距离电

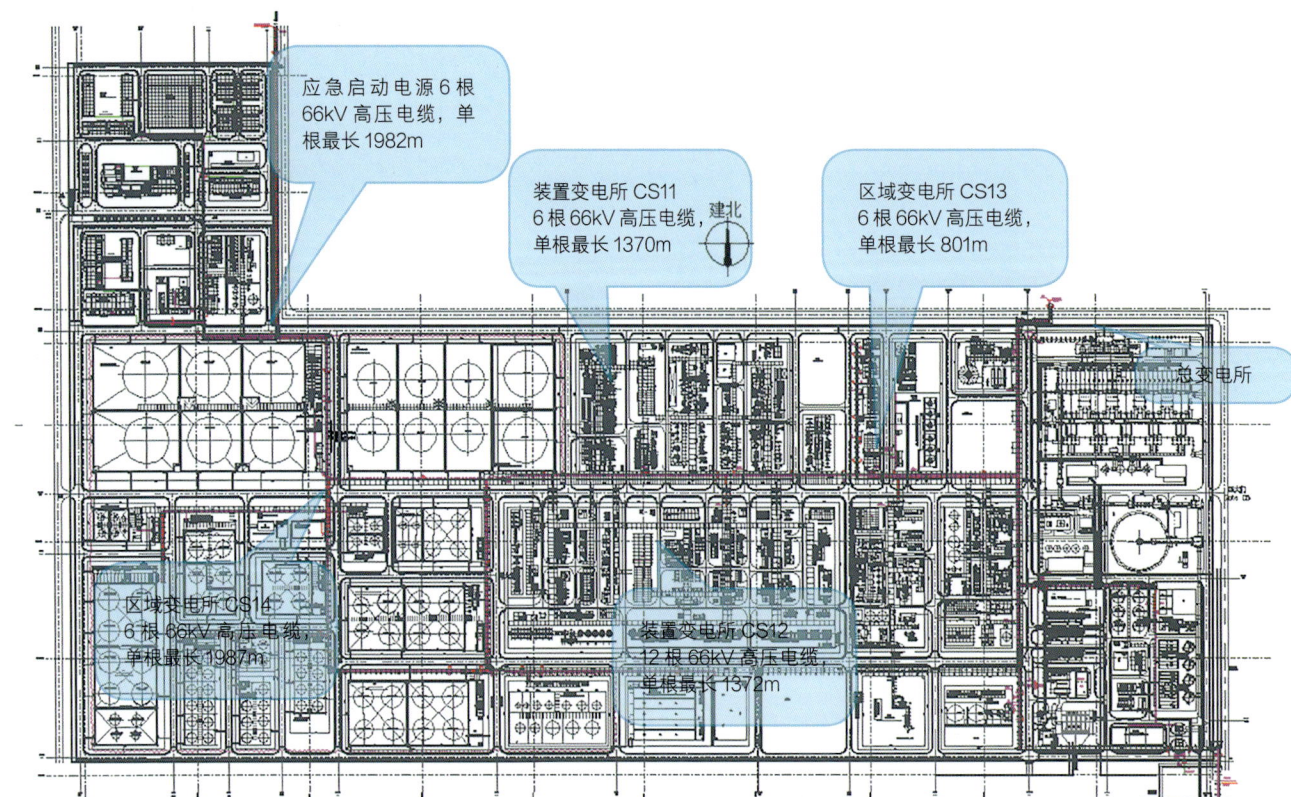

图 9.8-1　全场供配电系统 66kV 高压电缆敷设路径图

机输送"的分段敷设施工工艺，极大地提高了电缆敷设质量，高标准完成高压电缆的超长距离敷设，大大节省了人员、机械及材料消耗，极大缩短了电缆敷设周期。

该技术包括电缆受力验算、选择中转场地、采用液压牵引机作为高压电缆长距离敷设的动力，采用电缆输送机作为高压电缆盘的转动动力，配合多用途电缆滑车、平板滑车进行长距离高压电缆分段敷设。利用钢丝网套或高压电缆压制接头作为高压电缆牵引头，采用液压牵引机牵引防扭钢丝绳敷设首段长距离高压电缆，利用电缆输送机输送高压电缆来转动电缆盘，在中转场地进行"8"字形盘绕，将尾段电缆进行卸盘，最后利用牵引机或者输送机完成尾段高压电缆的敷设工作。

9.8.2　技术内容

1. 工艺流程

技术工艺流程见图 9.8-2，长距离大截面高压电缆敷设技术示意图见图 9.8-3。

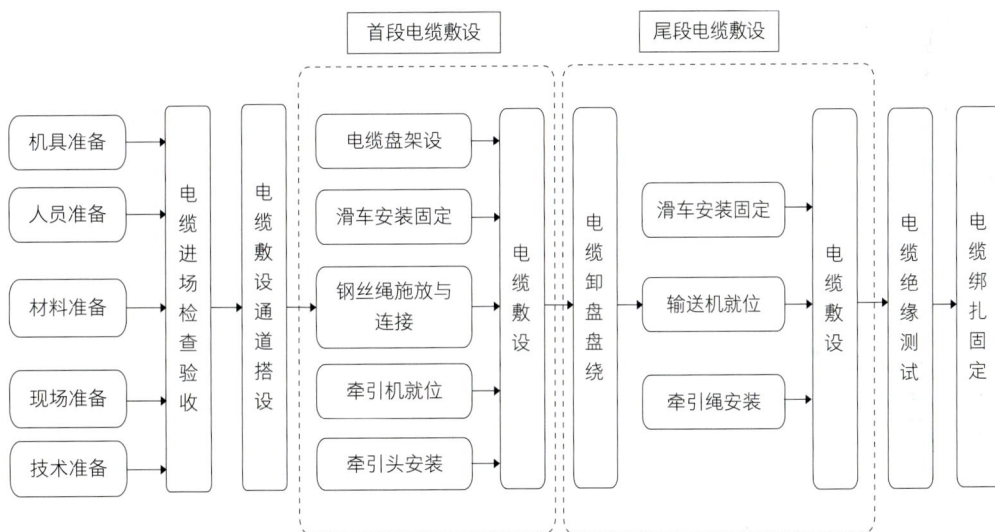

图 9.8-2　技术工艺流程

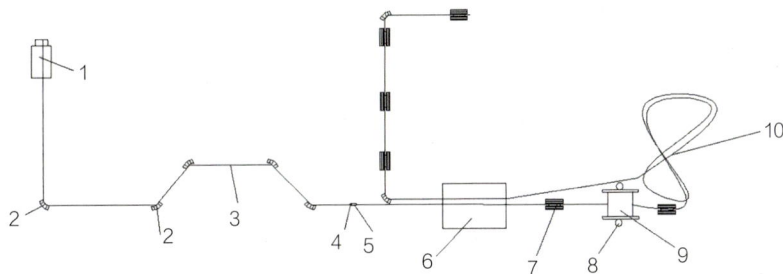

图 9.8-3　长距离大截面高压电缆敷设技术示意图

1—液压牵引装置；2—多用途转角滑车；3—牵引钢丝绳；4—防扭旋转器；5—电缆钢丝网套；6—通道平台；7—电缆输送机；
8—电缆架盘装置；9—高压电缆盘；10—中转场地"8"字盘绕

2. 电缆受力验算

根据《电气装置安装工程 电缆线路施工及验收标准》GB 50168-2018 附录 A 计算长距离牵引的电缆长度，结合高压电缆的制造参数（单位重量、摩擦力分析、允许最大拉力），对高压电缆在牵引过程中的受力进行验算（包括水平牵引力、倾斜牵引力、水平弯曲部分牵引力），确保牵引力不得超过高压电缆所允许的最大拉力、确定高压电缆的牵引长度。

根据电缆厂家提供的电缆性能表确定 ZRA-YJV-48/66kV-630mm² 电缆各项参数：电缆直径 101.9mm、电缆重量 13.8kg/m、计算得到电缆最大牵引力 44.1kN。

3. 中转场地的选定

根据现场电缆走向及电缆牵引力的计算，选定电缆中转场地。由于电缆转弯太多时，将增大电缆牵引过程中的侧压力，因此尽量减少水平转弯。对于超长距离大截面电缆敷设，采用分段敷设，即采用"长距离牵引，短距离输送"的施工方法。根据现场实际条件，确定电缆中转场地和牵引机架设场地（图9.8-4）。

4. 中转通道的搭设

在选定的电缆场地，利用脚手架及跳板在管廊与中转场地间搭设电缆敷设通道。倾斜的坡道用于电缆敷设上管廊，同时便于作业人员上下管廊。根据管廊的高度和场地情况确定通道的倾角，通道倾角选择为 30° ~ 45°。通道宽度根据高压电缆的最小弯曲半径确定，全场供配电铝护套电缆最小弯曲半径为 30D，D 为铝护套的直径，通道宽度为 2×30D=6m（图9.8-5）。

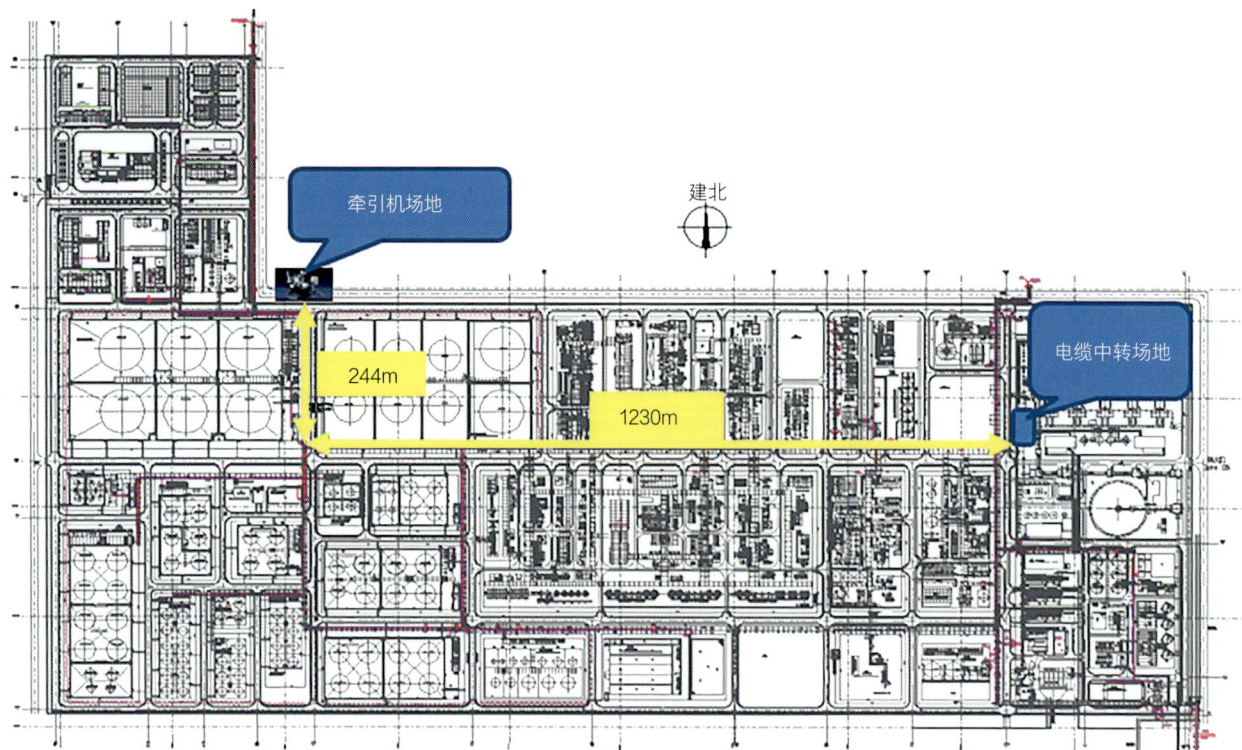

图 9.8-4　电缆敷设场地布置图

5. 电缆盘架设

由于电缆盘重量超过 20t，要 70t 以上的起重机才能吊运。采用特制的液压电缆盘支架和电缆盘转轴。电缆盘架设的位置应能保证电缆引出后正对通道平台，保证电缆平滑引上管廊。选择的架设地面以硬化地面为宜，在土质松软的地方应铺设枕木、钢板进行防护，防止电缆支架下陷或倾斜。架设时，应注意电缆轴的转动方向，电缆引出端应在电缆轴的上方。在电缆转轴上安装限位装置和涂抹黄油，保证电缆盘在转动过程中平稳、减少摩擦阻力（图9.8-6）。

6. 机械就位调试及滑车安装

首次引进液压牵引机用作高压电缆的主要输送动力，对电缆张力机进行改进，增加拉力控制装置、牵引速度控制装置以及紧急制动装置，采用输送机作为高压电缆盘的转动动力。

在选定的场地机械就位后对牵引机进行调试，对调速装置、制动装置、盘绕装置进行检查，确保安全可靠。对电缆输送机进行调试，调整输送机与牵引机速度一致，检查输送机供电系统，控制系统安全可靠。

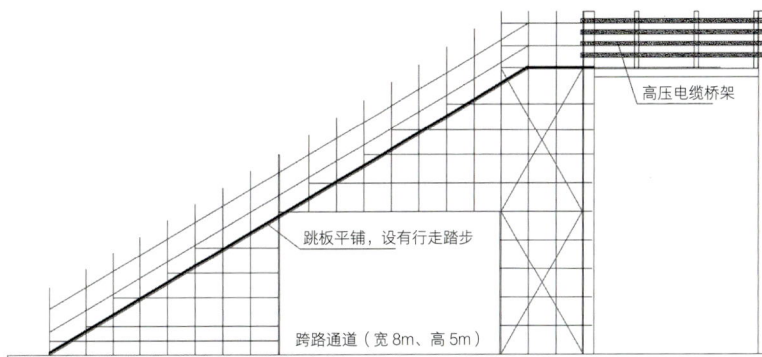

图 9.8-5　脚手架搭设电缆敷设通道

图 9.8-6　安装限位装置、涂抹黄油、电缆盘液压顶升架设

（1）对牵引机的牵引力、牵引速度进行参数设置，利用拉力机测定最大牵引力 32kN 的 25%、50%、75%、100% 时，确定牵引机的实际输出拉力是否相符，及时校正，并在显示表盘上做出明显标识。

（2）与电缆输送机配合使用时，将牵引机速度设置为 10m/min，并测定实际牵引速度是否与表显相符。

（3）测试牵引机的紧急制动装置，钢丝绳施放时穿过制动装置，按下制动按钮，制动装置上下夹具快速闭合，夹紧钢丝绳，达到紧急制动的目的。

为保证的电缆敷设质量，解决电缆牵引转弯时容易滑出滑车的问题，对传统的电缆滑车进行改进，研制一种多用途的电缆滑车，替代传统的环形三轮滑车、地面转角滑车、井口滑车及三角式滑车。多用途电缆滑车采用加厚钢管及尼龙材质滑轮组成，根据大截面高压电缆的直径、最小弯曲半径设置滑车的整体弧度。采用尼龙滑轮安装在滑车框架的四周，采用三面固定式，顶部为可拆卸式。滑车上 12 个滑轮均可灵活转动，减少了电缆的摩擦阻力，同时极大减少对电缆的扭曲、损伤。根据现场电缆敷设路径在钢结构检修通道上安装固定平板滑车与多用途滑车，滑车的每个滑轮都应平滑转动，减少电缆的摩擦阻力。水平段每隔 5 ~ 6m 安装一台平板滑车，上下翻弯及水平转弯安装多用途滑车，滑车固定牢固，确保电缆敷设过程中电缆不会脱离滑车（图 9.8-7 ~ 图 9.8-9）。

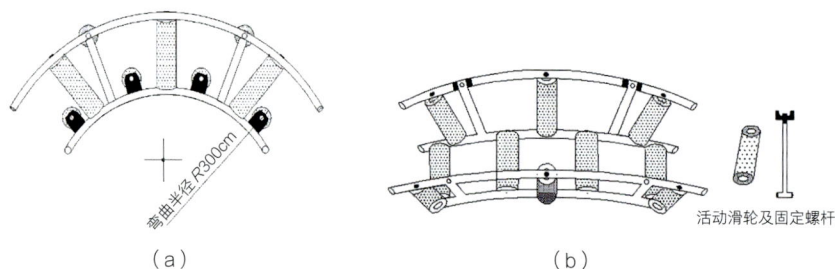

（a）　　　　　　　　（b）

图 9.8-7　多用途电缆滑车示意图

（a）滑车侧视图；（b）滑车轴测图

图 9.8-8　平板滑车安装　　　图 9.8-9　转角滑车安装

7. 牵引系统安装

本技术采用钢丝网套作为电缆牵引头。钢丝网套安装后进行预拉紧，使钢丝网套收紧电缆后，再用钢丝进行多道绑扎，保证牵引力传递到电缆铝护套及线芯（图9.8-10）。

当牵引机、输送机、各类滑车安装就位后，从牵引机至电缆盘方向引出防扭钢丝绳，钢丝绳沿每个滑车施放，同时再次检查滑车固定牢固、间距合理。对电缆敷设路径上的尖锐部位如桥架拐角、支架等容易划伤电缆的部位进行包裹、保护。钢丝绳端部采用防捻器（旋转连接器）与电缆牵引头连接。

8. 电缆牵引施工

为保证所有电缆输送机的输送速度一致、启停动作一致，先对每台输送机的运行速度进行调节，将各台输送机的启停信号电缆接入到同步控制箱。控制箱内设置启停按钮，通过继电器同时接通或断开多个控制回路。

电缆敷设前滑车检查人员、输送机操作人员、牵引机操作人员等提前就位，熟悉各自的岗位职责，并配备对讲机，对所有的操作人员统一指挥。

电缆盘动人员配合输送机盘动电缆盘，开动液压牵引机，缓慢收紧钢丝绳后再次检查确认无问题后，开始敷设电缆。对牵引机牵引速度进行微调，保证牵引速度尽量接近输送速度。

钢丝绳牵引人员跟随电缆，密切注意电缆牵引头的状态。电缆通过输送机时，及时调节电缆输送机的滚轮调节器，使电缆和驱动轮接触紧密，不发生滑动，调整牵引机与输送机速度保持一致。

电缆牵引到位后，由于钢丝网套部分电缆承受过较大牵引力，需要将该部分电缆切除，及时检查电缆是否有分层剥离现象。

9. 电缆卸盘盘绕

电缆牵引机敷设到位后，人工配合电缆输送机将电缆盘上剩余电缆在中转场地进行卸盘盘绕。电缆盘应进行"8"字形分层盘绕，及时消除电缆缠绕应力（图9.8-11、图9.8-12）。

图9.8-10 电缆牵引头制作安装

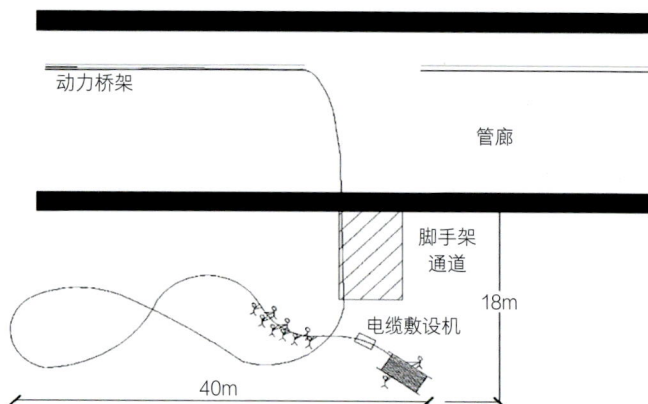

图 9.8-11　电缆卸盘盘绕示意图

图 9.8-12　电缆卸盘盘绕作业

10. 电缆输送施工

电缆卸盘盘绕后，利用麻绳牵引电缆尾部，通过多台电缆输送机将剩余电缆从中转场地敷设至总变电所。输送过程中采用同步总控箱控制多台电缆输送机，保证输送机的速度、启停一致，避免电缆损伤。

9.8.3　实施效果

超长距离大截面电缆敷设技术解决了传统高压电缆敷设方式中多次加压电缆结构层、敷设过程中脱离滑车、电缆绝缘层磨损严重等难题，极大地提高了电缆敷设质量，高标准完成高压电缆的超长距离敷设，大大节省了人员、机械及材料消耗，极大缩短了电缆敷设周期，一种多用途电缆滑车、一种长距离大截面高压电缆敷设的装置及方法获得实用新型专利 2 项，提高经济效益率 8%。

9.9　超限设备远距离滑移及液压整体提升技术

9.9.1　技术简介

随着石油化工装置的单套产量越来越大，大型塔器作为关键设备，规格尺寸也越来越大，主流的起重吊装工艺有两种，一种是采用大型汽车式起重机或履带式起重机主吊、溜尾式起重机辅助的吊装工艺；另外一种是采用门式液压提升系统主吊、汽车式起重机或履带式起重机溜尾的吊装工艺。

在恒逸（文莱）PMB 石油化工中，1 台大型塔器重达 1268t，加上塔器梯子平台、附塔管线、防腐绝热等附属设施的安装，起吊整体吊装过程中，采用大吨位履带起重机时，对操作空间以及吊装场地处理都有极高的要求，且对于超高超重的特大型塔器，文莱 PMB 石化项目建设时，国外的履带式起重机无法满足起吊要求，因而采用门式液压提升系统主吊的吊装工艺，在满足超高超重特大型塔器吊装施工任务的同时，具备滑移功能，能较好地解决传统提升系统吊装后较长周期内占用施工场地的问题。

超限设备远距离滑移及门式液压提升系统整体吊装技术，包括地基处理、2500t 门式液压提升系统安装、门式液压提升系统做主吊及履带式起重机为辅吊的吊装技术。

9.9.2　技术内容

1. 施工工艺流程（图 9.9-1）

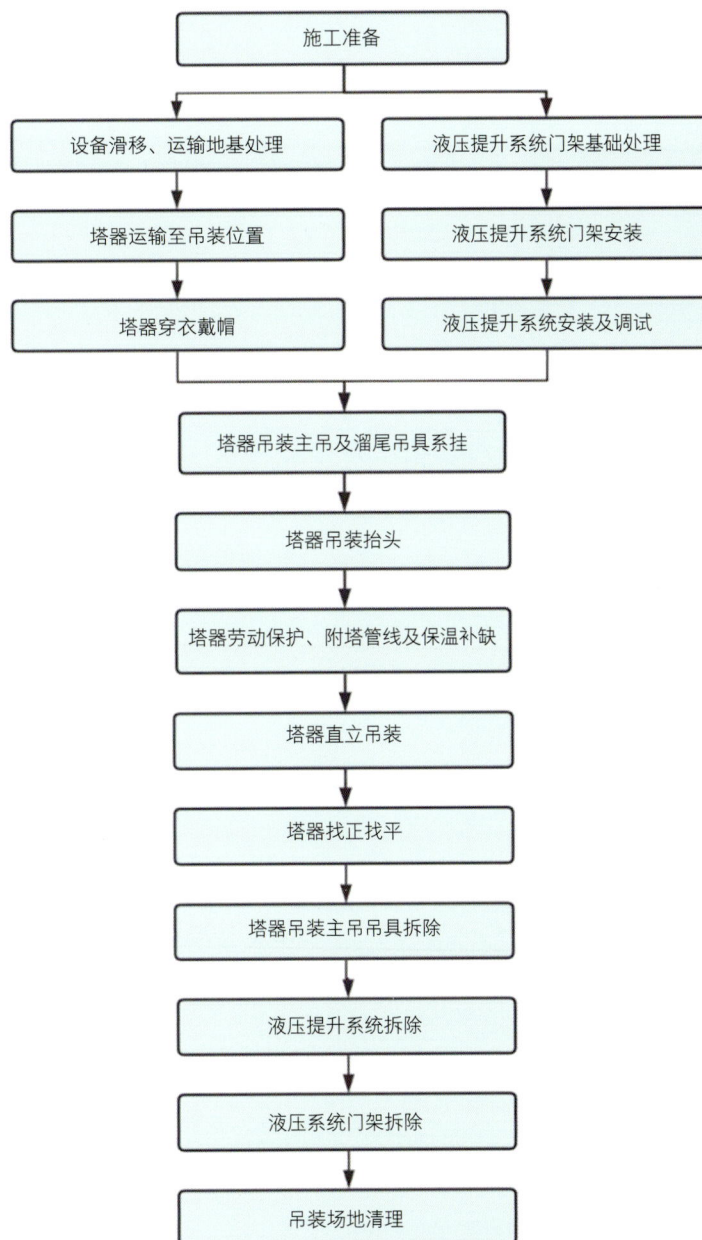

图 9.9-1　施工工艺流程图

2. 地基处理

2500t 提升系统吊装站位区域、滑移行走区域和 800t 履带式起重机作业区域均采用换填法进行处理。2500t 站位吊装位置地基处理完毕后要求达到 25t/m² 的承载能力。

滑移区域位置地基处理完毕后要求达到 15t/m² 的承载能力。

换填后进行静载试验。

3. 吊耳

主吊耳设计为井字筋管轴式吊耳，抬尾吊耳为板式吊耳。

吊耳由设备制造厂家在工厂焊接在设备本体上，设备到货时提供吊耳材质证明、焊缝检验报告等。吊耳位置依据现场液压提升系统的安装位置予以确定（图 9.9-2）。

4. 吊具

（1）主吊吊具

2500t 门式液压提升系统挂一套 3600t 级吊索具，连接到设备主耳上，吊板与吊耳之间的连接示意图如图 9.9-3 所示。

（2）抬尾索具

800t 履带吊系挂 4 根 ϕ110mm×29m 压制钢丝绳，每根 2 股受力，额定载荷 140t/ 股，配合 4 个 200t 卸扣连接到设备底部板式吊耳上。

5. 门式液压提升系统安装方法

门式液压提升系统安装工艺流程如图 9.9-4 所示。门式液压提升系统安装及拆除可利用场内现有履带式起重机分模块进行吊装，将塔架标准节、大梁、吊具等在保证起重机负载率及模块结构稳定性的前提下拼成一个吊装模块，减少大型吊装次数及高空作业组对次数，同时能够有效保证工期，或者采用自带的液压提升系统结构进行安装。

图 9.9-2　井字筋管轴式主吊耳

图 9.9-3　吊板与吊耳连接示意图

```
                        施工准备
                           │
                        测量放线
                           │
  塔架底部基础中心线定位 ────►◄──── 基础及地锚验收
                           │
                        安装底节
                           │
                    安装标准节至一定标高
                           │
                      张拉临时缆风绳
                           │
 利用经纬仪观测塔架垂直度 ────►◄──── 利用临时缆风绳调整塔架垂直度
                           │
                      标准节安装完成
                           │
 利用经纬仪观测塔架垂直度 ────►◄──── 利用临时缆风绳调整塔架垂直度
                           │
                     安装塔架顶节梁
                           │
                     安装塔架顶部桁架
                           │
 利用经纬仪观测塔架垂直度 ────►◄──── 利用临时缆风绳调整塔架垂直度
                           │
                    安装塔架顶部提升大梁
                           │
                     张拉塔架顶部缆风
                           │
                      拆除临时缆风绳
                           │
 利用经纬仪观测塔架垂直度 ────►◄──── 利用临时缆风绳调整塔架垂直度
                           │
               安装大梁顶部提升油缸、导线
                    架和泵站等
                           │
    油缸与泵站油管连接 ────►◄──── 泵站与地面计算机连接
                           │
                     提升系统通电调试
                           │
    各部连接及尺寸检查 ────►◄──── 油缸和泵站等加压检查
                           │
                       检查及验收
```

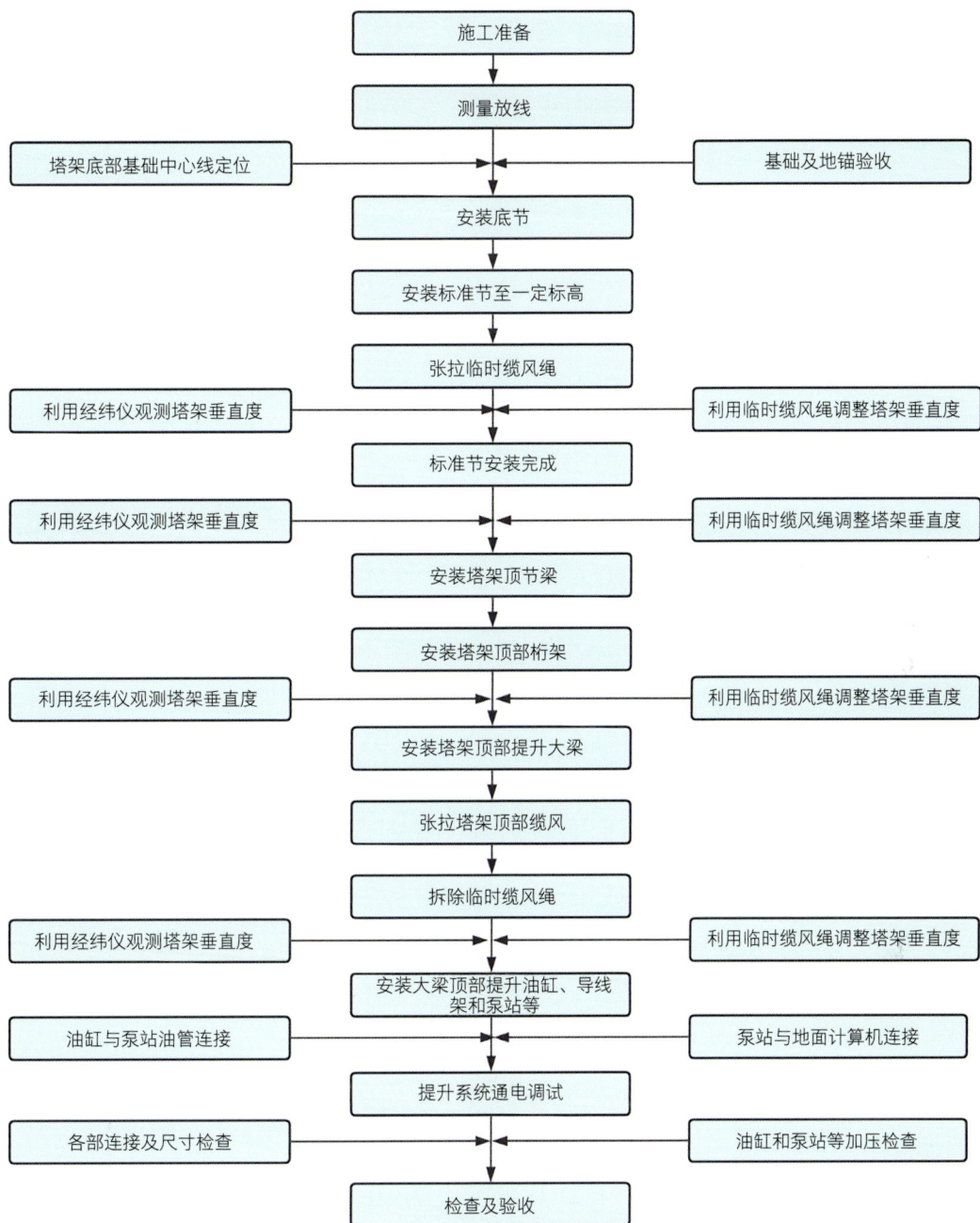

图 9.9-4　门式液压提升系统安装工艺流程图

　　液压提升系统基本构成包括门式桅杆系统、液压主提升系统、牵引系统（即缆风，包括地锚等）和自动控制系统等。

　　由于门式液压提升系统在化工行业应用于超重、超高的设备吊装，门式液压提升系统较高，因此其缆风系统的设置影响范围较大，应根据现场平面布置，优化设置缆风系统，2500t液压提升系统共配置 6 台缆风绳千斤顶，其中正面的为 4 台 180t 液压千斤顶，两侧为 2 台 294t 液压千斤顶。缆索系统设置 6 个锚点，单个锚点千斤顶穿 12 根钢绞线，锚点开挖深度为

3m，埋置的地锚规格为 6000mm×6000mm×3000mm，单块重 4.5t，压重块单块重量 10t，每个锚点设置 6 块，缆风绳与地面夹角不大于 45°。锚点设置完成后周边要进行防护，并设置警示标志（图 9.9-5）。

提升系统安装包括底排、滑道、滑块铺设、提升架安装、大梁及上部结构、顶座安装、连接管安装、主千斤顶滑移小车安装、承重梁安装、主千斤顶和盘绳器安装、标准节安装。安装过程中随时对缆风绳受力进行调整、观测提升系统的垂直度。

6. 吊装过程

（1）门式液压提升系统吊装，采用了 800t 起重机进行抬尾作业；

（2）检查桅杆垂直度、牵引预拉力、抬尾吊车位置、起重机前进的轨迹线标识等；

（3）吊装系统和抬尾吊车受力至少应承受载荷的 10% 时，再检查桅杆的垂直度，如超出范围应进行调整；

（4）气象预报至少 3d 风速在允许的吊装作业范围内。

设备吊装控制要点：

（1）主吊千斤顶和抬尾吊车逐渐增加载荷，随着载荷的逐渐增加，应随时调整桅杆垂直度，并相应调整抬尾绳索的垂直度；

（2）吊装系统和抬尾吊车同步起吊，并移走支撑；

（3）设备尾部降低至底部距地面 500mm，进行全面检查，确认全部正常后，继续起吊；

（4）随着吊装的进行，抬尾吊车前移或转杆，配合设备安装找正找平（图 9.9-6、图 9.9-7）。

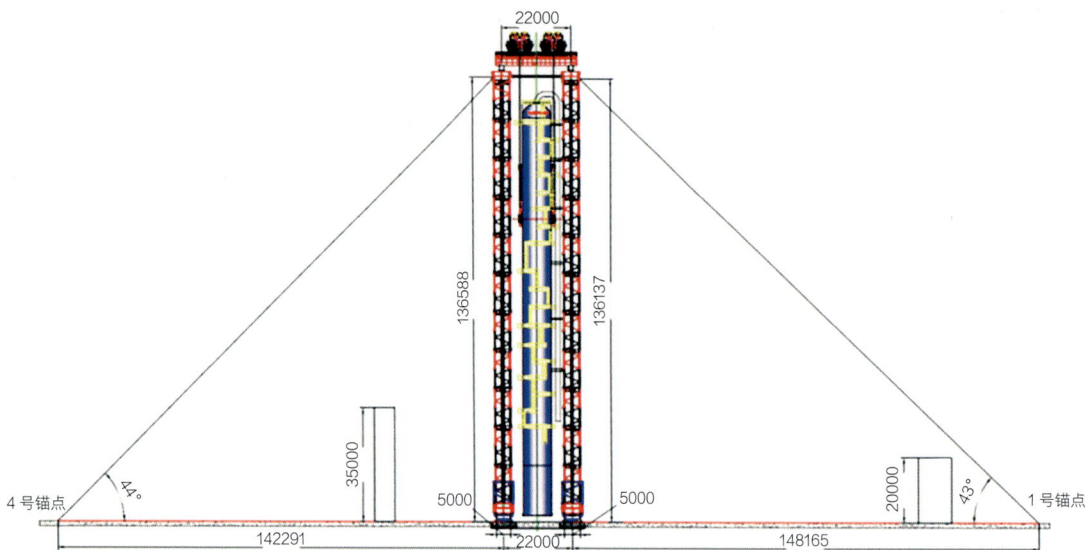

图 9.9-5 门式液压提升系统示意图

图 9.9-6　吊装开始阶段

图 9.9-7　塔器吊装完成

吊装过程中要进行提升系统、缆风系统、门架系统的严格监测。

吊装完毕后，进行系统拆除，提升系统的拆除为安装的反过程。

9.9.3　实施效果

2500t 门式液压提升系统每小时行程为 8 ~ 10m/h，整个用时约 36h。液压提升系统底部采用可滑移型式，铺设底排和滑道、滑块，吊装完成后，可通过自顶升及时滑出塔器就位区域，方便后期门架的拆卸作业，同时不影响塔器其他作业施工的开展。占地面积小，吊装性能经济耐用，安全系数高，质量性能好，底排、千斤顶操作正常、灵活，整机性能运行平稳，吊装结束后，能及时滑移出吊装区域，可提前交出后续施工场地约 20 ~ 25d。

9.10　施工现场太阳能、空气能资源利用技术

9.10.1　技术简介

由于项目地处海岛，岛上无任何电力设施，加之海岛阳光充沛，充分利用太阳能为项目提供生活用电，项目部在临设区域设置了太阳能路灯，为项目部提供照明，设置了空气能热水器，提供热水。

9.10.2　技术内容

使用太阳能路灯，能充分利用当地的太阳能，通过光敏电阻和定时器，对路灯进行控制，可满足岛上道路的照明（图 9.10-1）。

图 9.10.1　生活区太阳能路灯

安装流程：安装准备→基础检查→管道检查→灯具组装→检查太阳能电板→吊立灯具安装→电器安装调试→验收使用。

配置空气能热水器，满足生活区洗浴热水供应。

使用节能电器，在施工现场安装大型 LED 投射灯，用于夜间作业照明使用，建筑物内阴暗区域使用 LED 灯带照明，生活区以及办公区使用 LED 灯具，节能环保，在灯具上安装限流器，同时安装相应的漏电开关，专业电工加强对节电设备的检查和维修，达到节约用电的目的。

9.10.3　实施效果

施工现场办公、生活区照明均采用太阳能，补充项目电力供应，可靠有效，解决了项目日常照明问题。

9.11　非传统水资源循环利用技术

9.11.1　技术简介

项目地处海岛，建设期地下水为咸水不能饮用，地表水为雨水，大陆引水无法引入海岛，所以节约水资源至关重要。项目利用海水淡化装置淡化的地下水、人工湖和临设雨水收集装置收集的雨水作为生活用水。

9.11.2　技术内容

（1）项目安装了海水淡化装置，采用活性炭、反渗透膜多层过滤方式，与紫外线杀菌相结合，进行地下水咸水淡化，充分利用地下水资源，作为生活用水（图9.11-1）。

（2）在岛上开挖人工湖，收集并存储雨水，通过湖水处理系统，即在人工湖边设置滤水砂池，将人工湖的水抽出，引入滤水砂池，再通过反渗透设备进入水箱，以供日常用水（图9.11-2）。

（3）安装临设屋檐雨水收集系统，当地年平均降雨量大，达到了2725mm，如此丰富的水资源，需合理利用。

利用从国内运至海岛项目上的包装材料，敲打成槽，完成雨水收集装置，按2000人的生活区设计，一年能收集雨水6000t，而实际的雨水收集量远远大于这个数字。通过雨水收集系统收集的雨水，用水箱盛装，用作生活杂用水（卫生间用水、洗车、浇洒道路、浇灌绿化、洗衣服等），多余雨水进入湖水处理系统（图9.11-3）。

（4）施工用水，由于海岛项目地下水位都较高，通过基坑井点降水，利用施工现场已有的水池进行收集，可以作为路面降尘用水及现场临时卫生间冲洗用水等。

9.11.3　实施效果

通过海水淡化装置的使用、雨水收集系统和人工湖的开挖，满足了整个项目的生活用水的需求。

图9.11-1　海水淡化装置以及水箱群

图 9.11-2　已投入使用的人工湖

图 9.11-3　屋檐水收集

第四篇

精益管理　打造海外石化精品标杆

　　恒逸（文莱）PMB 石油化工项目不仅是"一带一路"倡议中一个标志性成就，更是中国技术和文化与文莱交流的重要平台。通过本项目的优质履约，生动展现了中国企业海外石化工程建设领域高水平、高质量、高效率的卓越能力，代表着中国建筑业的辉煌成就和未来发展的无限可能。

　　在这一重大工程中，中建安装集团有限公司秉承国资央企的使命与责任，勇担海外石化行业精品标杆建设的重任。公司在项目实施过程中，始终贯彻"高标准、智能化建设"的先进理念，以创建"海外鲁班奖"为目标，从项目策划到落地执行，实现了全方位、全过程的质量精品管理，体现了中建安装集团有限公司在追求卓越、创新发展上的不懈努力和坚定决心。

　　为了确保工程质量精品，中建安装集团从项目质量目标确定、管理体系建设到数字赋能、资源保障、精细化管理，对工程的每一个环节都进行了精心策划和严格把控。

第 10 章

明确目标

完善质量管理体系

10.1　目标设定与质量标准

10.1.1　质量目标的设定

项目伊始，公司将海外工程鲁班奖定为质量目标。围绕项目的独特性与技术难点，组织领导与专家召开质量创优交流研讨会，全面展开从体系构建、职责分工到实体工程亮点策划与实施的全方位规划，确保项目从设计开端至施工实施、从采购到装配、从施工到调试交付的每一个环节均在受控状态。通过质量目标设定和质量管理过程精心规划，实现项目参与各方的协同合作，确保项目各项工作的顺利开展（图 10.1-1）。

项目部根据鲁班奖评价标准，对创优目标进行细化分解，包括设计奖、新技术应用、科技质量成果、安全文明工地、优质工程等前置奖项的取得。在实施过程中根据项目的实际进展及创优评价规则的变化，对各项目标进行调整和优化，采取必要的预控措施，确保目标的顺利实现。

为确保创优目标的最终实现，项目部编制创优策划，将工程质量管理的关键环节细化为具备可量化的质量标准（表 10.1-1）。

图 10.1-1　项目创优交流会

10.1.2　质量标准的确立

为了建立适合本项目实施的质量管控标准和流程，集团组织了一批业内专家与业主、设计院、行业专家研讨确认，采用中国国家标准、行业标准施工验收（表 10.1-2）。

表 10.1-1　质量管理目标分解表

序号	质量管理目标
1	材料、设备质量证明文件原件收集率 100%
2	钢材、焊材进场按批送检率 100%
3	特殊材质进场光谱检测率 100%
4	混凝土结构梁柱 100% 回弹合格
5	大型设备基础高强度螺栓一次安装合格率 100%
6	管道焊缝射线检测一次合格率 98% 以上
7	管道焊缝 100% 无损检测超声波自检合格
8	单位工程竣工一次验收合格率 100%
9	省部级、协会以上科技奖
10	质量管理成果奖
11	省部级优质工程奖
12	安全文明奖

表 10.1-2　质量验收标准

序号	文件名称	编号
1	建筑工程施工质量验收统一标准	GB 50300—2013
2	工程测量标准	GB 50026—2020
3	建筑地基基础工程施工质量验收标准	GB 50202—2018
4	地下防水工程质量验收规范	GB 50208—2011
5	建筑防腐蚀工程施工规范	GB 50212—2014
6	石油化工设备混凝土基础工程施工质量验收规范	SH/T 3510—2017
7	混凝土结构工程施工质量验收规范	GB 50204—2015
8	混凝土外加剂应用技术规范	GB 50119—2013
9	建筑施工测量技术规程	DB11/T 446—2015
10	建筑基坑支护技术规程	JGJ 120—2012
11	建筑地基处理技术规范	JGJ 79—2012
12	建筑施工扣件式钢管脚手架安全技术规范	JGJ 130—2011

序号	文件名称	编号
13	钢筋焊接及验收规程	JGJ 18—2012
14	钢筋机械连接技术规程	JGJ 107—2016
15	建筑机械使用安全技术规程	JGJ 33—2012
16	石油化工钢结构工程施工质量验收规范	SH/T 3507—2011（已修订为 2024 版）
17	石油化工涂料防腐蚀工程施工质量验收规范	SH/T 3548—2011
18	钢结构焊接规范	GB 50661—2011
19	钢结构工程施工规范	GB 50755—2012
20	石油化工机器设备安装工程施工及验收通用规范	SH/T 3538—2017
21	石油化工仪表工程施工技术规程	SH/T 3521—2013（已修订为 2024 版）
22	石油化工离心式压缩机组施工及验收规范	SH/T 3539—2007（已修订为 2019 版）
23	石油化工泵组施工及验收规范	SH/T 3541—2007（已修订为 2024 版）
24	石油化工静设备安装工程施工技术规程	SH/T 3542—2007
25	石油化工阀门检验与管理规范	SH 3518—2013
26	石油化工工程起重施工规范	SH/T 3536—2011
27	石油化工铬镍不锈钢、铁镍合金和镍合金焊接规程	SH/T 3523—2009（已修订为 2020 版）
28	石油化工有毒、可燃介质钢制管道工程施工及验收规范	SH 3501—2011（已修订为 2021 版）
29	石油化工建设工程项目交工技术文件规定	SH/T 3503—2017
30	管式炉安装工程施工及验收规范	SH/T 3506—2007（已修订为 2020 版）
31	石油化工给水排水管道工程施工及验收规范	SH/T 3533—2013（已修订为 2024 版）
32	石油化工建设工程项目竣工验收规定	SH/T 3904—2014
33	石油化工建设工程项目施工过程技术文件规定	SH/T 3543—2017
34	石油化工铬钼钢焊接规范	SH/T 3520—2015
35	给水排水管道工程施工及验收规范	GB 50268—2008
36	石油化工静设备安装工程施工质量验收规范	GB 50461—2008
37	工业设备及管道绝热工程施工质量验收规范	GB 50185—2010（已修订为 2019 版）
38	工业金属管道工程施工规范	GB 50235—2010
39	现场设备、工业管道焊接工程施工规范	GB 50236—2011
40	压力管道规范 工业管道	GB/T 20801—2006（已修订为 2020 版）
41	特种设备监督检验规程	国家质检总局
42	机械设备安装工程施工及验收通用规范	GB 50231—2009
43	电气装置安装工程 电缆线路施工及验收标准	GB 50168—2018
44	电气装置安装工程 接地装置施工及验收规范	GB 50169—2016

序号	文件名称	编号
45	电气装置安装工程 旋转电机施工及验收标准	GB 50170—2018
46	电气装置安装工程 盘、柜及二次回路接线施工及验收规范	GB 50171—2012
47	电气装置安装工程 蓄电池施工及验收规范	GB 50172—2012
48	自动化仪表工程施工及质量验收规范	GB 50093—2013
49	建筑电气工程施工质量验收规范	GB 50303—2015
50	石油化工仪表及管道隔离和吹洗设计规范	SH/T 3021—2013
51	石油化工仪表安装设计规范	SH/T 3104—2013
52	石油化工仪表系统防雷工程设计规范	SH/T 3164—2012（已修订为 2021 版）
53	石油化工仪表工程施工质量验收规范	SHT 3551—2013（已修订为 2024 版）
54	建设工程施工现场环境与卫生标准	JGJ 146—2013
55	施工现场临时用电安全技术规范	JGJ 46—2005（已修订为 2024 版）

注：表中所列为施工时所用标准，其中部分标准已修订，在括号中加以说明。

10.2 质量体系建设

10.2.1 质量策划

在项目策划的准备阶段，按照项目创优策划的要求，对文莱当地资源环境、现行法律体系及社会习俗进行了全面调研；与文莱政府有关部门、设计单位、业主单位等各相关方进行了友好而深入的沟通交流。通过调研和交流，确保策划具有针对性、实用性。

在质量策划过程中，坚持"过程精品、追求质量卓越，创新管理、促进持续发展"的质量方针，不仅在质量保证体系、制度、质量标准、质量管控措施方面进行了规划，还明确了创优细部节点的具体做法。

项目部对项目质量风险进行了全面评估，重点突出关键工序、特殊过程以及体量大的分项工程，开展了多次质量管理研讨会，邀请了专家、顾问、监理参与，对项目的质量管控关键点进行了深入的分析和讨论，制定质量控制措施和改进计划，对质量管控关键工序、工作设定1238 条"质控点"，采用 A、B、C 类进行分级管理，明确了各个质控点的技术要求、施工方法、检测计划、验收标准和责任人等。施工开始前，向施工班组交底培训，把控每一道工序质量（图 10.2-1）。

通过全方位、多层次的质量策划，为项目的品质管理和质量创优明确了方向和具体路径。通过项目团队的协同落实与持续优化，不仅成功实现了质量目标，并且为同类项目的质量管理提供了可借鉴的经验。

序号	工程质量控制点	等级	记录	检查方					备注
				施工队	项目部	监理	业主	特检院	
一、钢结构工程									
(1) 钢结构（含预制安装）									
1	审查材料（钢材、连接件、焊材等）质量证明文件、检验报告及材料复验	A2	R	√	√	√	√		甲供由采购管理部组织
2	防腐涂料应具有产品质量证明文件和质量检验报告	A2	R	√	√	√	√		
3	检查涂装材料（防腐和防火）质量证明文件、标识及检验报告	A2	R	√	√	√	√		
4	审查施工方案（预制、安装分开编制）	A2	R	√	√	√	√		
5	检查焊工资质	A2	R	√	√	√	√		
6	审核焊接工艺评定及作业指导书	A2	R	√	√	√	√		
7	H 型钢焊接成型	B	R	√	√	√			质量管理部飞行检查
8	检查焊缝外观质量	B	R	√	√	√			
9	钢结构无损检测	B	R	√	√	√			
10	原材料、半成品及成品出场验收：半成品、成品应涂装底漆、中间漆	B	R	√	√	√			
11	基础交接	A2	R	√	√	√	√		
12	基础处理及垫铁配置检查	B	R	√	√	√			
13	钢结构安装	B	R	√	√	√			
14	高强度螺栓连接摩擦面抗滑移系数检验报告	B	R	√	√	√			
15	高强度螺栓连接检查	B	R	√	√	√			
16	网壳结构安装	A2	R	√	√	√	√		
17	塔架安装	A2	R	√	√	√	√		
18	防腐涂料检验及防腐施工	B	R	√	√	√			
19	防火涂料检验及施工	B	R	√	√	√			
20	防火隐蔽验收	B	R	√	√	√			

图 10.2-1　ABC 控制点

10.2.2　组织架构

为确保国内外的顺畅管理协同与有效沟通，项目部构建了一套横向到边，纵向到底的全面质量管理组织结构。此外，公司挑选了具备丰富相关经验的管理人才组成项目管理团队，项目部团队成员进行了合理的分工与协作安排，针对项目的具体专业及施工区域需求，配置了相应专业的质量管理人员，以确保能够根据项目质量创优策划，有效组织、协调、管控以及指导项目各项质量管理工作（图 10.2-2）。

10.2.3　质量管理制度

项目部深入分析业主下达的各项管理规定和要求，在公司现有的管理制度框架内，进一步拓展和细化，制定出了符合项目特点、可操作的质量管理制度；制度包括质量管理、培训、样板、质量奖惩、影像资料和交工资料管理等制度；制定详尽的项目岗位质量任务清单，签订质量责任目标协议书，完善岗位质量责任考核机制，有效地提升团队成员的质量管理水平，并激发每一位项目员工的质量意识，确保了质量管理的系统性和有效性（表 10.2-1）。

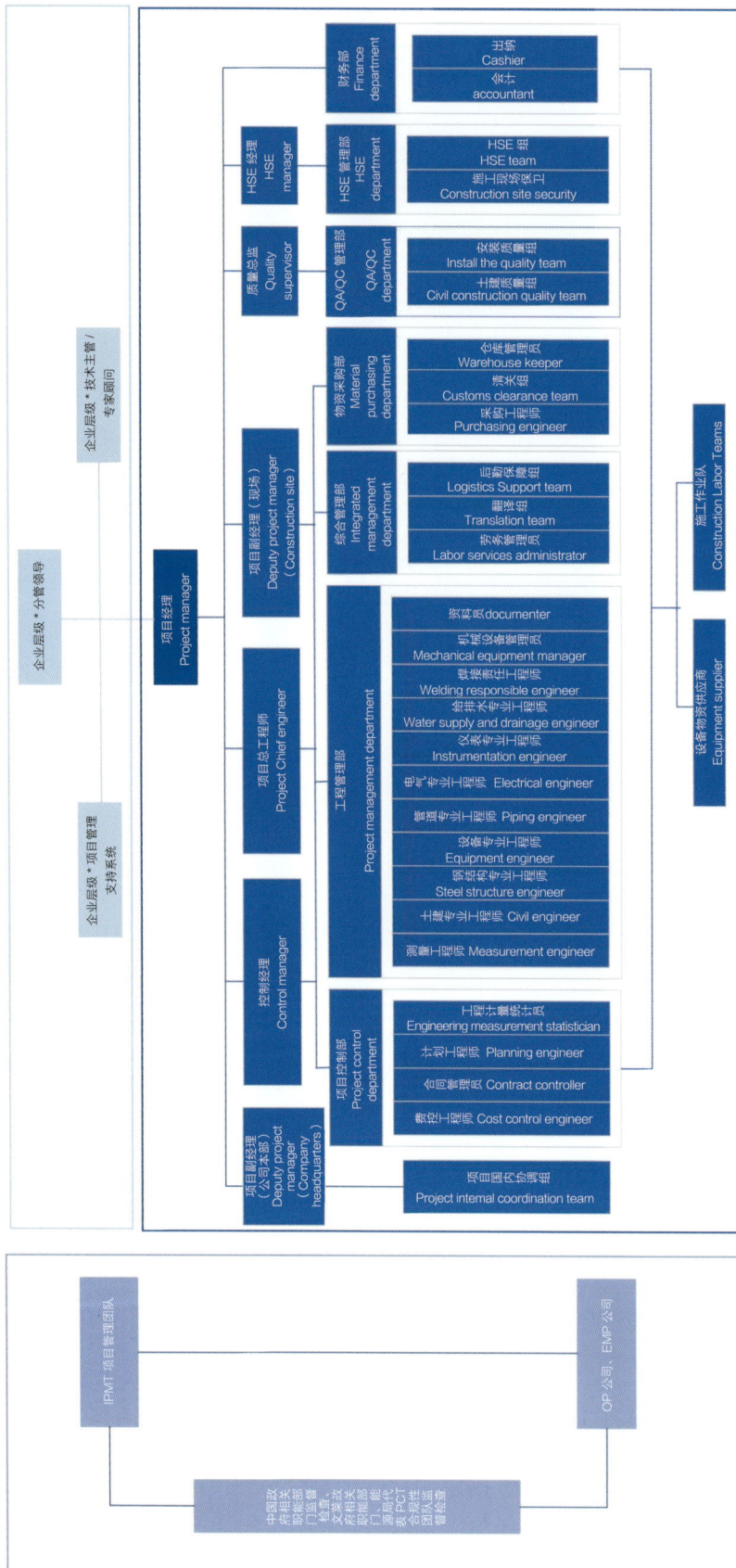

图 10.2-2　项目质量管理组织机构图

表 10.2-1　质量管理制度表

序号	制度名称	序号	制度名称
1	国内预制场管理办法	16	试件取样制作指导书
2	质量培训管理办法	17	无损检测质量控制程序
3	质量会议管理办法	18	质量信息管理办法
4	标准规范图纸管理	19	焊接质量管理办法
5	施工技术方案管理办法	20	现场压力试验管理程序
6	质量控制点设置指导书	21	标识和可追溯管理规定
7	检验试验计划编制指导书	22	施工过程及交工技术文件管理程序
8	质量样板管理办法	23	质量不合格处置办法
9	进入现场的设备材料和构配件的质量控制程序	24	大型设备吊装管理办法
10	混凝土施工质量控制程序	25	质量审核、质量检查观看量办法
11	砂浆现场搅拌管理办法	26	设备、管道等表面色及标志色管理规定
12	关键设备文件资料管理办法	27	防腐防火管理办法
13	分包商质量考核评比与奖惩管理办法	28	特种材料检测管理办法
14	焊工技能培训及考核	29	影像收集指导书
15	特殊工种持证管理办法		

10.3　资源保障

10.3.1　人力资源保障

从本公司劳务资源中，在资源配置、协作意识等方面进行全面细致的考察与对比，挑选出技术出众、经验丰富且配合度高的人员参加本工程建设，确保人力资源的配置满足质量目标要求。

发挥公司产业基地优势，配备先进的焊工培训、考核基地，整合公司的压力容器设备制造厂、钢结构制造厂的装备优势，确保焊工技能满足要求。

10.3.2　施工机械保障

由于地处海外，维修维保困难，在机械设备的选择过程中，全面考量设备的性能指标、可靠性、安全性以及后期的维护成本等多个关键因素。

项目按照不同机械设备的特点编制维修保养方案，建立设备使用和维护记录管理台账，详细登记每次维护保养的内容、时间和结果，为设备状态评估和故障预防提供了科学依据。通过定期评估设备的性能，及时防范设备运行故障风险，确保其能够满足项目具体需求。

10.3.3　计量器具保障

为确保本项目施工质量检测的准确性，项目制定了计量器具需求计划，选择了与项目需求相匹配的计量器具。为保障器具的准确性与可靠性，在器具进场前按照相关制度、规范的要求进行了严格的检定；在项目实施过程中，按照不同计量器具的要求进行分级管控，按规定的周期进行检定和校准，确保所选计量器具符合要求。

10.3.4 原材料品质保障

1. 优质货源的选择

项目根据设计图纸明确材料的类型、规格、品牌和质量标准，从公司的合格供应商名录中挑选具有相应资质、信誉良好、生产能力和质量有保障的供应商。

2. 严格物资进场验收

在材料进场时，针对材料的外观质量、尺寸精度、材质以及其他性能指标展开全面的检查和复验，详细记录每批材料的验收过程，包括检验结果、验收日期以及验收人员等信息，建立一套完善的材料验收档案。对于不合格品，立即通知供应商进行退换，确保最终使用的材料符合要求（图 10.3-1、图 10.3-2）。

图 10.3-1　泵开箱验收

图 10.3-2　管道进场验收

3. 规范物资保管

根据不同材料设立保管库房，通过定期材料盘点，及时识别并解决贮存过程中可能出现的问题或潜在隐患，确保材料质量（图 10.3-3）。

图 10.3-3　材料堆放及保管

4. 执行材料编码及追溯管理

工艺管道种类繁多，材料的可追溯性管理异常重要，包括管道、管件的物资编码管理、炉批号登记、实物编码标识手段。一旦发现材料用错，可以及时追溯管线位置，从材料环节上，避免工程质量问题的发生。

为了保证管道、管件正确使用，采用了材质和区域色标标识技术，方便运输后的材料查找与安装后的材质核对（图 10.3-4、图 10.3-5）。

10.3.5　施工工艺方案保障

项目针对施工内容制定了方案编制计划，并及时编制施工方案按照相关规定进行审核审批后执行。尤其对深基坑、大体积混凝土浇筑、工艺管道焊接和安装、大型设备吊装、系统试压调试等关键方案做重点把控。

组织方案的培训、交底工作，通过样板引路、BIM 虚拟模型等多种方式将方案交底工作落到实处，确保项目按照既定方案实施（图 10.3-6）。

序号	区域	颜色	小区域	颜色		序号	区域	颜色	小区域	颜色	
1	1011 常减压	红	PRA	黄		19	全厂热力管网	橙	图幅 F	黄	
2			PRB	绿		20				绿	
3			SS1	红		21				红	
4			SS2	蓝		22			图幅 H	蓝	
5			SS3	白		23	厂际管廊	白	PR1	黄	
6			SS8	橙		24			PR2	绿	
7	1012 轻烃回收	黄	CS1	黄		25			PR3	红	
8			SS4	绿		26			PR4	蓝	
9			SS5	红		27			PR5	白	
10	1013 产品精制	蓝	SS6	黄		28			PR6	橙	
11			SS7	绿		29	1041 气分装置	紫	PRA	黄	
12			PRC	红		30			SS-1	绿	
13	空分空压	绿	棚 -1	黄		31			SS-2	红	
14			棚 -2	绿		32			SS-3	蓝	
15			SS1	红		33			SS-4	白	
16			PRA	蓝		34	4701 火炬气装置	浅蓝	管架	黄	
17			建 -1	白		35	4702 火炬气回收装置	黑	管架	黄	
18			厂前区制冷站	橙		36			压缩机厂房	绿	

图 10.3-4　区域颜色标识

序号	类别	材质	色标	主色	辅色
1	碳钢	20# GB8163	无色		
2		20# GB9948 ANTI-H2S	白色 - 黄色		
3		20# CB9948	白色 - 灰色		
4		20# GB3087	白色 - 橙色		
5		20G GB5310	白色 - 白色		
6		L245.ANTI-HIC	白色 - 蓝色		
7		L245	白色 - 绿色		
8		Q245R	白色 - 黑色		
9	合金钢	1Cr5Mo	红色 - 橙色		
10		15CrMo	红色 - 天蓝色		
11		15CrMoG	红色 - 灰色		
12		12Cr1MoVG	红色 - 白色		
13		ASTM A691 5CrCL22（P5）	红色 - 绿色		
14		P9	红色 - 红色		
15	复合管	Q245R+00Cr 17Ni14Mo2	紫色		
16		Q345R+00Cr 17Ni14Mo2	紫色 - 蓝色		

图 10.3-5　材质颜色标识

图 10.3-6　技术方案专家论证

第 11 章

数字赋能

助力工程质量管理能力提升

数字智能化技术的应用为项目质量管理能力的提升提供助力，通过数字化平台、软件和智能化设备的应用，使质量管理流程更加高效、透明、可追溯，使各部门之间的协作更加紧密、高效、顺畅，最终实现项目质量管理的标准化和规范化，提高项目实体质量水平，确保鲁班奖目标的实现。

11.1 BIM 技术的应用

项目充分利用了 BIM 技术，大幅度提升了工作的效率和质量。通过实时且精确的三维可视化呈现，BIM 技术不仅为项目培训、方案交底以及过程检查等关键质量管理环节提供了强有力的技术支持，也极大地增强了团队协作的效率和效果。

在交底过程中，建立了全装置系统的 BIM 模型，利用 BIM 模型进行交底，使施工人员能够了解装置建造的重难点、细部节点，极大提高了施工管理水平和效率，确保工程实施质量。运用 BIM 模型交底，大大减少了返工现象的发生（图 11.1-1）。

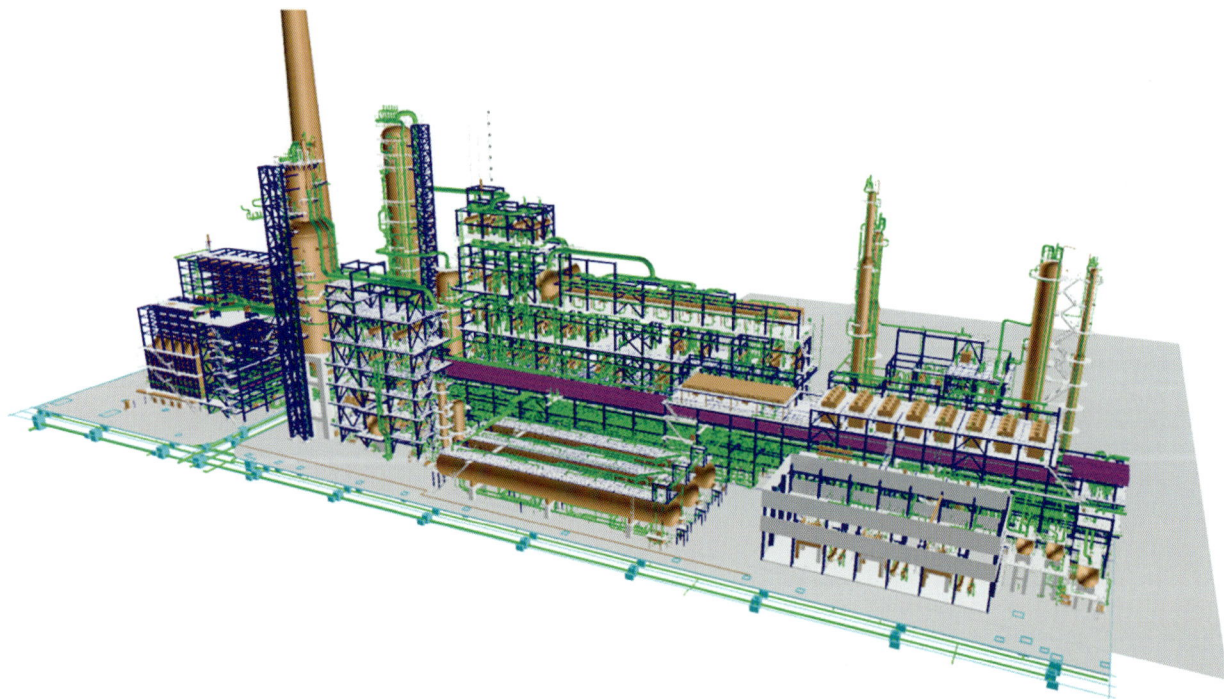

图 11.1-1　装置模型

11.2　工艺管道信息化系统

常减压联合装置工艺管道主要包括碳钢管、抗 H_2S 碳钢管、合金钢管、不锈钢管和复合管。针对本项目开发了焊接管理系统，运用焊接管理系统，建立焊接数据库、材料编码与标识、焊接工艺过程把控、快速上传焊接信息，对工艺管道施工进行全过程管控，实现多方协同管理，共享工艺管道数据库信息。

1. 焊接管理系统构架（图 11.2-1）

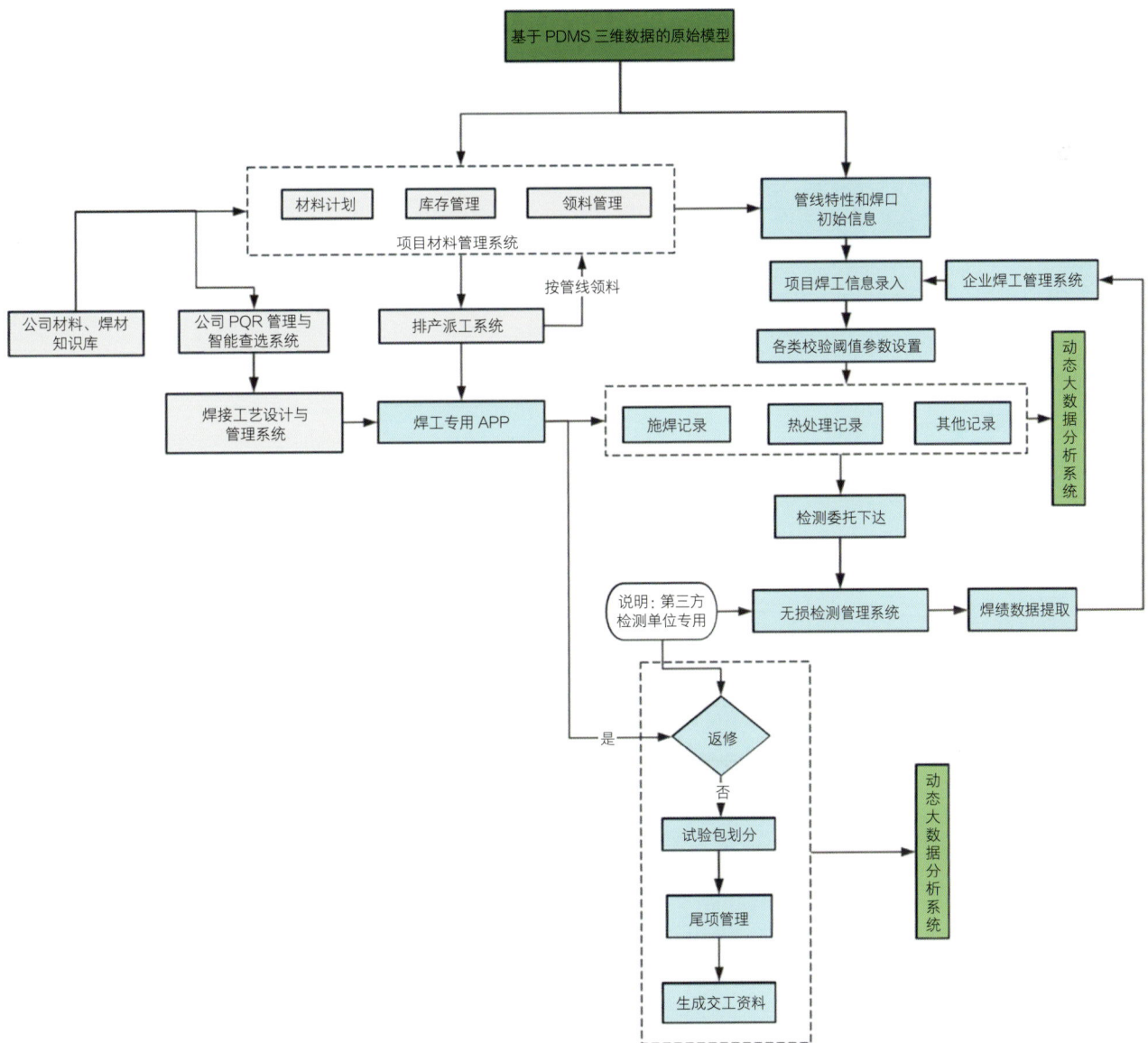

图 11.2-1　管道信息化管理系统构架

2. 材料信息化管理

（1）建立数据库

基于设计院的三维设计模型建立数据库，及时掌握工艺管道施工的相关信息，包括每个装置各分几个区域，焊接管理系统自动汇总整个项目工艺管道的材质、焊口数、寸口径数、需要热处理的管线号及总量等相关信息。对工艺管道单线图进行拆分，在管道单线图中划分预制管道的同时，确定固定焊口与活动焊口，建立的数据库导入到焊接管理系统中。

焊接管理系统中的材料信息与物资管理平台中的材料信息能够相互调用（图 11.2-2）。

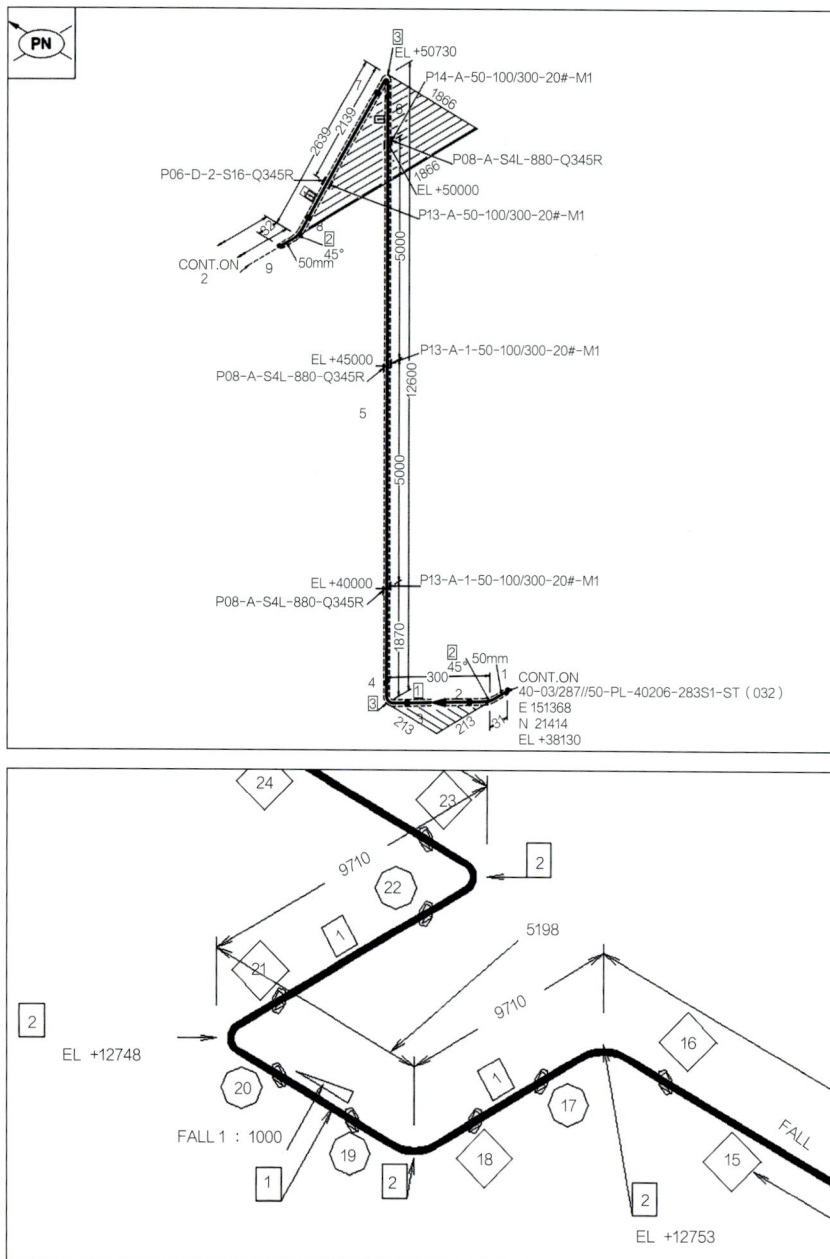

图 11.2-2　工艺管道拆分并标注焊口

（2）材料订货与到货管理

依据数据库中建立的工艺管道材料数据库和物资需用量计划，进行材料订货、供货跟踪及材料到货情况统计。根据供货清单及材料验收情况，物资部门委派专人将供货厂商名称、需求计划编号、物资编码、管道炉批号、订货日期、供货日期等信息录入材料数据库，完善材料数据库内容，以便于物资的精细化管理（图 11.2-3、图 11.2-4）。

（3）材料仓储与发放管理

物资管理人员通过对仓储材料的数据库信息化管理，确保材料统计的准确、及时，实时显示材料的库存信息及出入库情况统计，评估材料对工程进度的影响，为材料采购催交、进度控制决策提供依据。

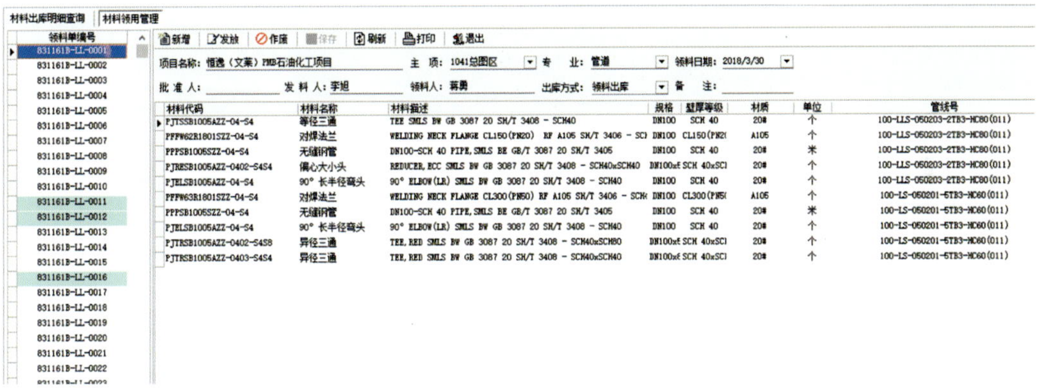

图 11.2-3　材料基础数据库

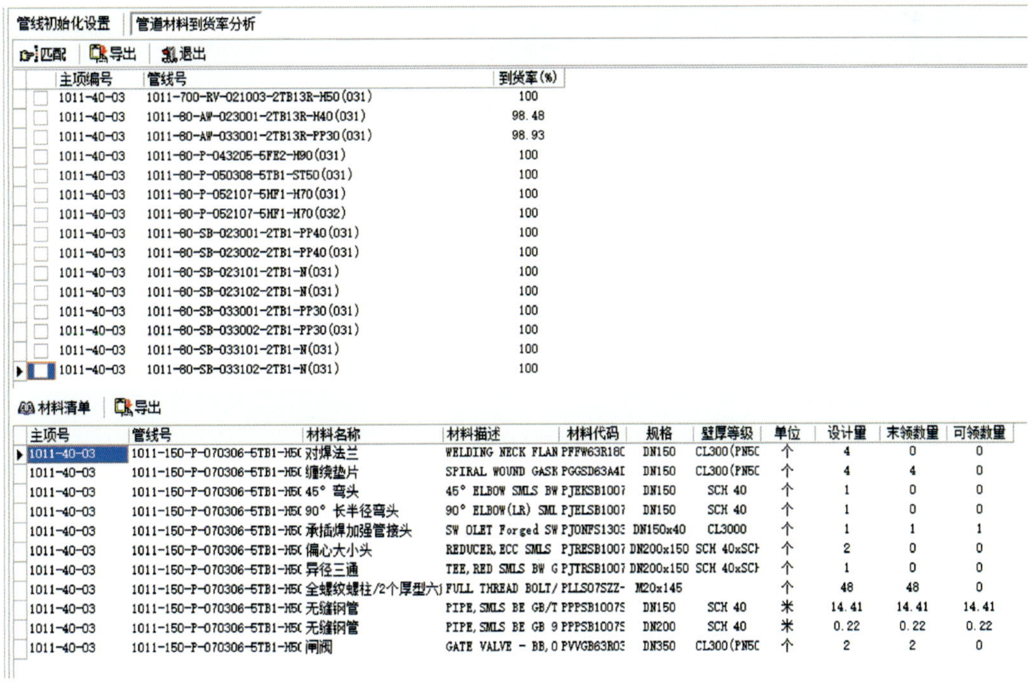

图 11.2-4　管道材料到货情况统计

技术人员根据数据库中材料到货情况与每条管线或者各区域的管线进行匹配，决定管线是否具备开始预制安装条件，进度安排有理有据，避免材料短缺影响施工进度的现象发生（图 11.2-5 ~ 图 11.2-7）。

图 11.2-5　材料入库登记管理

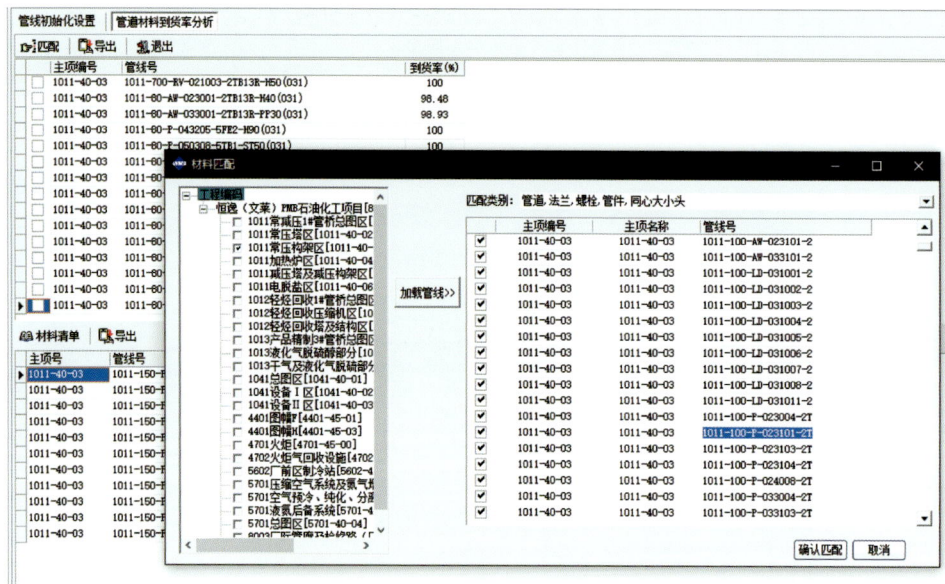

图 11.2-6　管线与材料自动匹配

图 11.2-7　材料领用与发放管理

作业班组根据材料匹配情况，开具领料单，由技术人员、物资管理人员均在信息化管理平台中完成审批或确认发放情况，实现信息化管理，无纸化办公。同时，控制材料消耗，对材料的超领和节余均可做到有据可查。

3. 焊接工艺评定数据库管理

软件自带中建安装焊接工艺评定库，可以实现焊接工艺评定快速调用、快速编制焊接工艺作业指导书（图 11.2-8）。

4. 焊工管理

在焊接管理系统中，将班组信息和入场考试合格的焊工信息录入管理系统，建立焊工档案库（图 11.2-9）。

5. 焊接管理

每位焊工完成焊接后使用智能手机扫描上报焊接记录，焊接记录包括焊工姓名、编号、管线号、焊接日期及过程照片等信息。质检工程师收到报验申请，现场查看焊缝外观质量，确认合格后在数据库中点击同意报验，焊接记录及时进入焊接数据库，信息化管理平台具备筛选、汇总功能，可以自动统计汇总各个施工区域、每套装置及整个项目的工艺管道每日完成量、累计完成量等数据。同时，根据规范和设计图纸对焊缝检测比例进行设置，数据库按照设置对焊缝进行自动组批，自动创建焊缝检测委托单。另外，可以动态查询现场每名施焊焊工的焊接合格率及整个项目的合格率，对焊接合格率低的焊工进行清退，保证整个项目的焊接质量（图 11.2-10、图 11.2-11）。

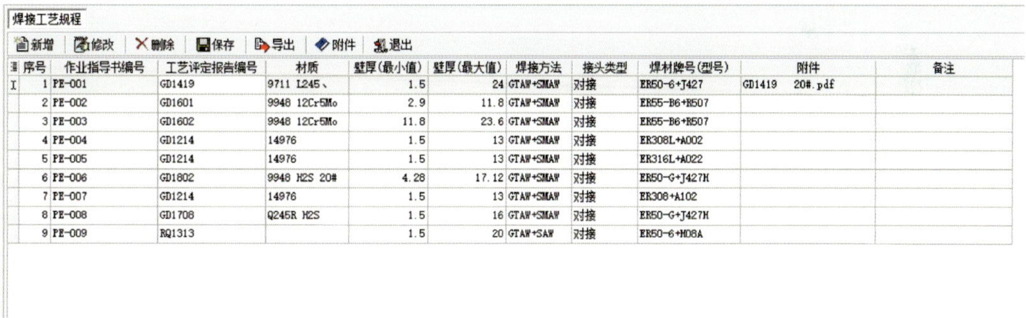

图 11.2-8　焊接工艺评定管理

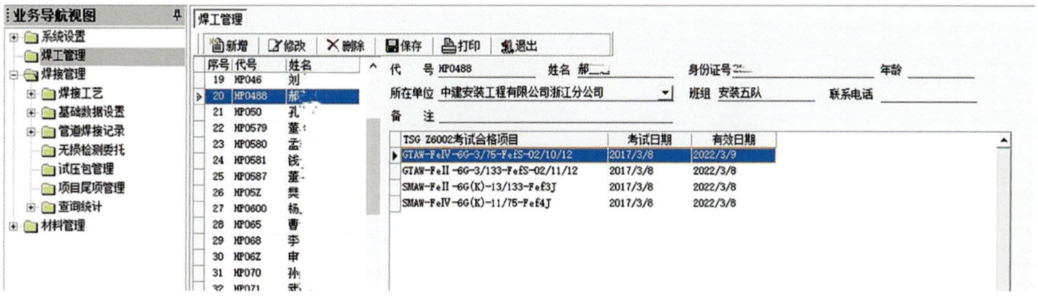

图 11.2-9　焊接人员资质管理

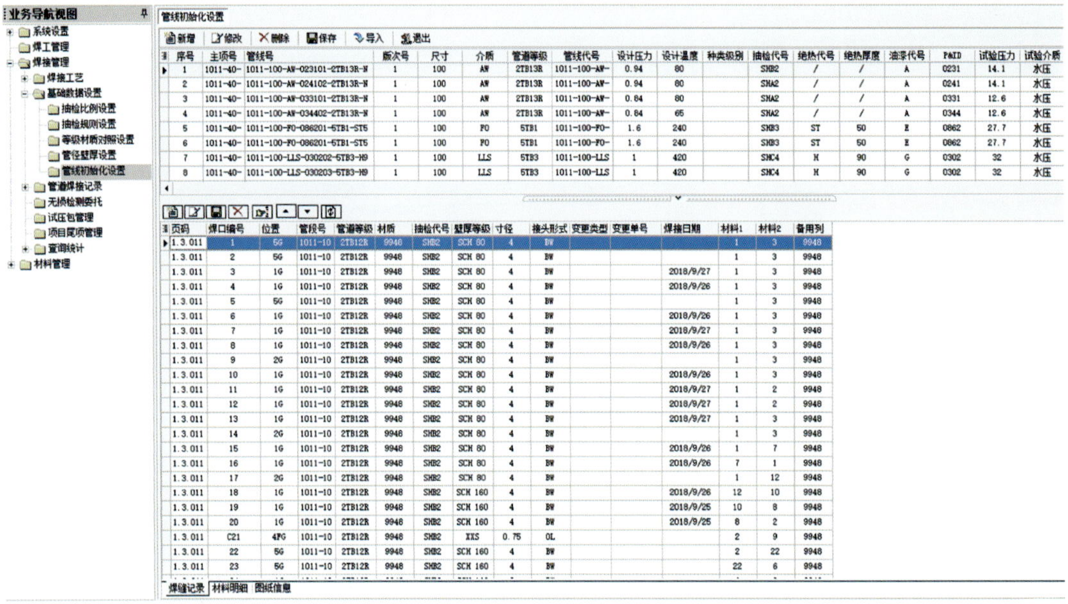

图 11.2-10 焊接数据库内可以显示每条管线信息

1/14

中建安装工程有限公司
CHINA CONSTRUCTION INDUSTRIAL&ENERGY ENGINEERING CO., LTD.
焊接日报
Welding Daily Report(Visual report)

DATE 日期: 2018/8/24
Report NO. 日报编号 0001

NO.	Line No. 管线号	Sheet No. 页号	Spool No. 管段号	Jt. No. 接头号	Pos 位置	Size (B) 尺寸	Weld Type 焊缝类型	Fix/Move 固定/转动	Welde/焊工		ACC.Jts 合格焊缝	Material traceability Heat no. 材料追踪/炉批号		Remark 备注
									Root 打底	Cover 盖面		ItemA	ItemB	
1	1011-250-P-034104-5HF1-H90(01	2.5.0	1011-2	14	1G	8	BW	转动	HP071	HP071	ACC			是
2	1011-250-P-034104-5HF1-H90(01	2.5.0	1011-2	15	1G	8	BW	转动	HP071	HP071	ACC			是
3	1011-250-P-034106-5HF1-H90(01	2.4.0	1011-2	14	1G	8	BW	转动	HP071	HP071	ACC			是
4	1011-250-P-034106-5HF1-H90(01	2.4.0	1011-2	15	1G	8	BW	转动	HP071	HP071	ACC			是
5	1011-350-P-050307-5TB2-H60(01	1.6.0	1011-3	7	1G	14	BW	转动	HP200	HP05Z	ACC			
6	1011-350-P-050307-5TB2-H60(01	1.6.0	1011-3	10	1G	14	BW	转动	HP200	HP05Z	ACC			

图 11.2-11 焊接日报自动生成

6. 无损检测委托及过程管理

运用焊接管理系统，大大简化了工艺管道无损检测委托工作，通过对焊接完成的焊口由业主或者监理进行随机点口、无损检测委托单自动生成，焊接管理系统自动判断是否满足设计比例及相关规范要求，保证了无损检测委托的真实性、客观性、公正性，而且准确反映了焊工的焊接质量。无损检测公司提供无损检测结果通知单及时录入系统内，通过系统便可随时跟踪每条管线的检测比例是否满足设计及规范要求（图 11.2-12）。

7. 工艺管道热处理管理

运用焊接管理系统对焊接完成后需要热处理的焊口自动生成热处理委托，将热处理完成后的焊口信息输入系统内，跟踪热处理完成情况。对于热处理完成的焊口自动按照硬度检测比例生成硬度检测委托，硬度检测完成后的结果录入系统数据库，可随时查询每条管线焊口热处理完成情况及硬度检测情况。

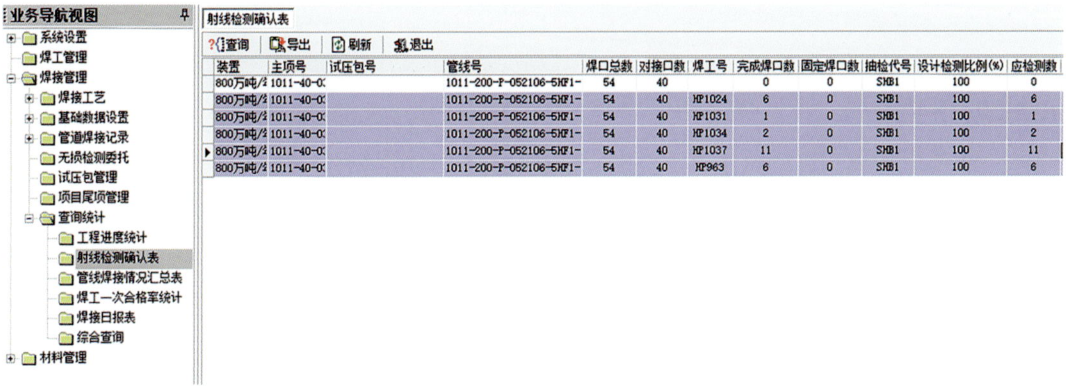

图 11.2-12　随机点口管道焊接检测确认表

8. 开展质量及进度精细化管理

通过系统可随时追踪每条管线的施工质量及进度情况，可以核对现场施工材料规格、焊条、焊丝等是否用错，核对每条管线、每个试压包的施工进度，查询每个施工区域完成工作量及剩余工作量，以保证整个项目满足施工质量及进度要求。

9. 工艺管道试压工作

焊接管理系统内可直接划分工艺管道试压包。管理系统内试压包划分完成后，系统可以直接提示试压包内每条管线完成进度比例、无损检测情况、热处理完成情况、硬度检测完成情况等信息。节省大量时间，根据系统内信息排出切合实际的试压计划。对于现场不满足试压条件的试压包，立刻采取相对应措施，以保证业主的要求，使试压工作得以顺利完成（图 11.2-13、图 11.2-14）。

10. 辅助交工资料的编制

项目工艺管道试压之前需要准备各项施工资料，通过焊接管理系统可以按照规范标准表格自动生成项目日常所需的过程资料与交工资料，并可以通过调整使资料按照试压包系统生成，不仅快速而且准确性很高。

基于数字信息化平台的工艺管道工厂化预制技术，提升了工艺管道工程的管理效率，减少了材料的浪费，提高资料编制效率。

11.3　二维码技术的应用

项目部采用了二维码标识，每个二维码内嵌有关于焊接过程的详尽信息，包括焊工资质、焊接日期、所使用的材料和焊接参数等，确保所有预制管道焊缝的质量均可追溯，从而为现场验收、后期审核提供了坚实的数据支持。体现了现代科技在施工行业中的应用，提升了工作效率（图 11.3-1）。

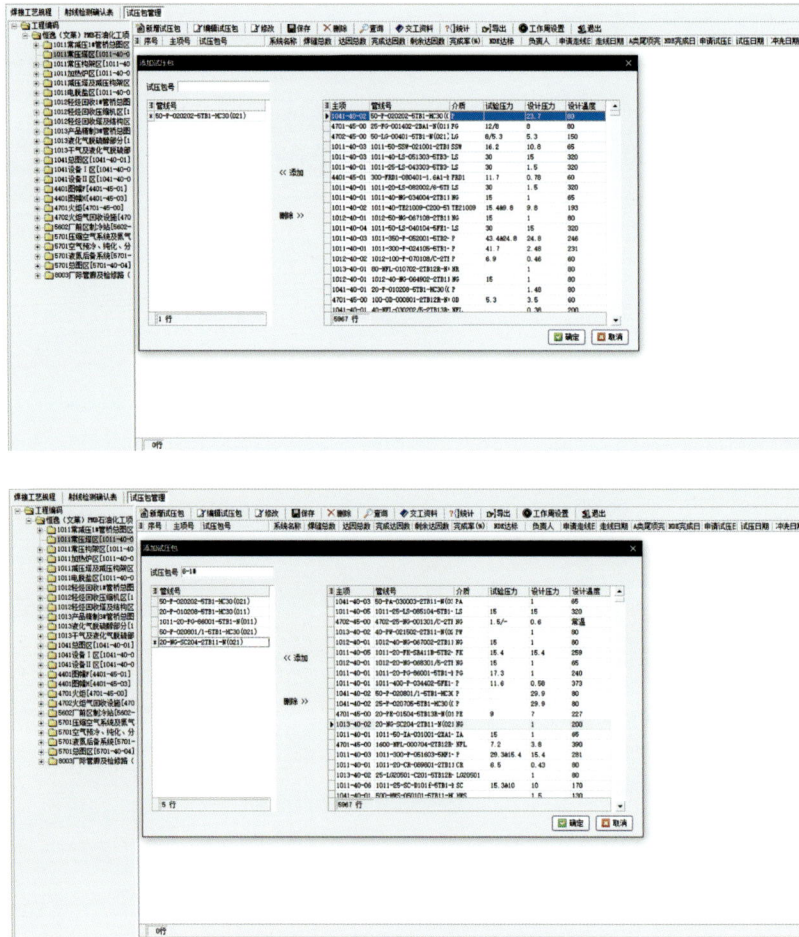

图 11.2-13　试压包划分管理界面

中建安装工程有限公司
CHINA CONSTRUCTION INDUSTRIAL£¦ENERGY
管道安装进度报表1
Pipeline installation progress report

报表周期：2018/9/1~2018/9/29

工程名称 Project Name	恒逸（文莱）PMB石油化工项目				工程代码 Project No.	831161B	页码 Page		1/1
装置 Area	区域 SubArea	焊缝总数 Joint Qty	总达因数 Total Qty	完成达因数 Welded Qty	总完成率 Percent	当日完成数 Today	本期完成数 To date	本期完成率 To date%	剩余量 Remain
235万吨/年轻烃 回收装置1012	1012-40-01	8724	26774	12409.25	46.35	80	3447	12.87	14364.75
235万吨/年轻烃 回收装置1012	1012-40-02	4609	11526	3374	29.27	266	1156	10.03	8152
235万吨/年轻烃 回收装置1012	1012-40-03	4823	18496.75	10145.5	54.85	0	1920	10.38	8351.25
60万吨/年气体分 馏装置1041	1041-40-01	11911	38742.19	19590.700	50.57	0	2391.2	6.17	19151.49
60万吨/年气体分 馏装置1041	1041-40-02	5266	11467.95	3058.75	26.67	0	52	0.45	8409.2
60万吨/年气体分 馏装置1041	1041-40-03	3575	15351.75	7800.6	50.81	0	2224.5	14.49	7551.149
800万吨/年常减 压装置1011	1011-40-01	17149	59827.75	30654.25	51.24	587	16963	28.35	29173.5
800万吨/年常减 压装置1011	1011-40-02	2819	11441.75	7455.75	65.16	0	394	3.44	3986
800万吨/年常减 压装置1011	1011-40-03	15174	72122.5	42094.5	58.37	1011	26190	36.31	30028
800万吨/年常减 压装置1011	1011-40-04	14970	35736	15773.5	44.14	498	6668	18.66	19962.5
800万吨/年常减 压装置1011	1011-40-05	5875	19706.25	9862.75	50.05	93	3401.5	17.26	9843.5

图 11.2-14　工艺管道进度报表

图 11.3-1　二维码运用

11.4　智能传感器的应用

大体积混凝土采用智能传感技术实时监测混凝土内外的温度分布，通过对温度差异的实时监控，自动调节混凝土内水循环的速度来控制温度梯度，有效减少因温度差异引起的内部应力，显著提高混凝土的整体施工质量。

智能传感器所配置的软件，能够对采集的数据进行分析，形成精准的混凝土温度监测报告，温度变化数据一目了然，科学精准，确保大体积混凝土的质量。

11.5　混凝土试块内置芯片管理

每个混凝土试块嵌入具有唯一标识符的芯片，芯片录入浇筑部位、混凝土强度等级、成型时间，在试块制作时由三方见证嵌入试块内，并形成记录台账。通过芯片可以对混凝土试块进行全程追踪，保障混凝土试件的真实性，确保建设工程的质量。

第 12 章

精细管理

构建全面质量保障

本项目采取了精细化管理手段，涉及项目实施的各个环节，包括组织领导、技能培训、样板引路、过程管控、检试验管理等活动，构建全面质量保障体系。

12.1　增强质量意识，推动持续改进

12.1.1　发挥领导作用

公司领导积极参加业主定期召开的各参建单位高层推进会，组织各级公司负责人进行现场督导，充分体现了公司牢固树立 ISO 9000 质量管理体系中的"把顾客的满意作为核心驱动力"和"发挥领导作用"两项质量管理原则，为项目质量管理的有效推进起到了决定性的作用（图 12.1-1）。

图 12.1-1　项目高层领导推进会

12.1.2　开展"质量月"活动

通过开展质量知识竞赛、质量标准宣讲、质量检查巡回、质量培训、焊工技能大比武等一系列"质量月"活动，提高员工的质量意识和能力，激发了他们的责任感和使命感（图 12.1-2、图 12.1-3）。

12.1.3　开展质量之星活动

每月开展质量之星评比活动，通过设立标准、检查评比、公布结果、表彰优秀施工人员等方式，对于现场施工质量通病少的队伍进行奖励，实行优秀焊工奖励制度，通过对连续累计数量焊缝焊接一次合格率达到 100% 的焊工发放荣誉证书和现金奖励，有效提高了焊工的积极性，激励海外项目人员提升质量管理水平，树立典范，极大地提高了施工人员的质量意识（图 12.1-4）。

图 12.1-2　"质量月"宣传

图 12.1-3　质量培训

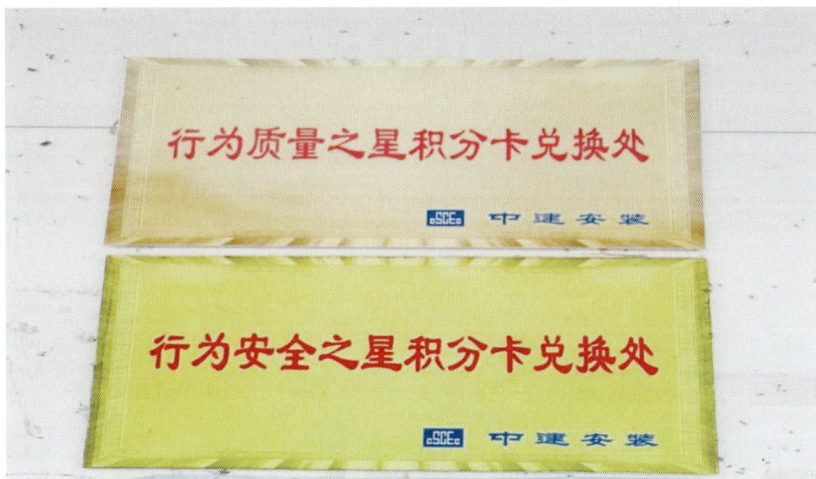

图 12.1-4　质量之星活动

12.1.4　开展 QC（质量管理）小组活动

项目部组成了包括项目经理、质量经理、各专业工程师、各班组技术负责人、组长等成员的 QC 活动小组。小组负责收集和记录施工过程中的质量数据和问题，通过会议商讨、专业培训、现场确认等动作，不断提升项目质量和项目团队成员的质量意识和技能水平，确保工程质量（图 12.1-5）。

图 12.1-5　QC 培训

12.2　提高技能水平，促进质量提升

12.2.1　编制质量控制口袋书

项目部编制了质量控制口袋书，包含关键工序和特殊过程控制点要求、常见质量通病及预防措施等内容，帮助施工人员在遇到问题时能够及时处理和解决。同时收集建议和意见，对口袋书定期进行针对性的更新和完善，持续改进和学习，提升整体质量管理水平（图 12.2-1）。

图 12.2-1　质量口袋书学习

12.2.2　开展质量培训

邀请专家开展内容丰富的讲座，专题培训内容涵盖石化质量通病识别与防治、鲁班奖创奖要求和案例分享、关键技术方案选择、质量事故案例分析等，提升项目质量过程管控能力。

开展对标学习，通过组织现场观摩、技术培训、质量检查及问题整改活动，促进了项目管理人员间的学习与交流，取长补短、共同进步（图 12.2-2、图 12.2-3）。

图 12.2-2　项目质量培训安排

图 12.2-3　创优培训

12.2.3 组织焊工技能培训、考核

焊工技能水平是保证焊接质量的决定性因素，以严格的焊工培训、考试为焊接质量提供保障。入场前考试包括理论知识和实际操作两方面的测试，要求焊工熟悉相关标准、规范和操作程序，还要有足够强的实际操作水平。通过对焊工的严格筛选和考核，确保了进场焊工均具有较高的技术水平（图 12.2-4）。

焊工进入海外现场后，增加现场考试，以此筛选出技能水平更高的操作工人，确保质量（图 12.2-5）。

图 12.2-4　焊工考试

图 12.2-5　现场焊工考试

12.2.4 开展专家服务活动

公司组织内部专家进行项目全过程质量咨询和服务，对项目进行检查，培训。通过专家丰富的行业知识和经验传授，帮助项目识别管理和施工过程中的风险，制定风险防控措施，减少损失；针对技术难题，为项目提供科学的解决方案。

邀请外部石化专家组对项目进行全系统的质量专项检查。外部专家对检查发现的问题进行点评和讲解，项目针对专家提出的意见和建议，举一反三、查漏补缺，有效提升了项目质量管理水平（图12.2-6）。

12.3 实行样板引路，明确质量标准

12.3.1 制定样板实施方案

积极与业主、设计方、监理方等各方进行沟通协商，根据工程实际制定了详细的样板施工方案，明确样板工序的质量标准和验收标准。

12.3.2 土建专业样板

（1）混凝土结构应内实外光、埋件位置准确、无蜂窝、麻面，无漏浆、胀模、烂根，面层平整，棱角方正饱满，观感质量好（图12.3-1、图12.3-2）。

图12.2-6 专家检查

图 12.3-1 塔基础样板

图 12.3-2 框架基础样板

（2）隔墙砌筑：构造柱与墙体交接处留出马牙槎，马牙槎先退后进，宽度 60mm。

拉结钢筋应沿砌筑全高设置，拉结筋间隔不应超过 500mm 设置 2ϕ6 拉结筋。对墙体水平、竖向灰缝，和墙体于梁柱间灰缝进行勾缝处理，蒸压加气块灰缝厚度水平缝宜为 15mm，竖缝宜为 20mm。灰缝应横平竖直，内墙水平和垂直灰缝饱满度均应 ≥ 80%，外墙灰缝饱满度均应 100%（图 12.3-3）。

图 12.3-3 砌筑样板

12.3.3 设备基础样板

基础表面在设备安装前应进行修整，基础凿毛，去除浮浆成粗糙面直至混凝土内石块露出，打毛深度 20 ~ 30mm，麻点深度 5 ~ 10mm，表面不允许有油污或疏松层。

基础表面不得有油垢或疏松层；放置垫铁处（至周边 50mm）应铲平，铲平部位水平度允许偏差为 2mm。

相邻两组垫铁的间距，宜为 500 ~ 1000mm。垫铁应平整，不得翘曲及卷边。接触面积应达 75% 以上。每个垫铁组不得超过 4 块，总高度为 30 ~ 70mm。每个垫铁组只允许有一组斜垫铁。垫铁允许露出底座 10 ~ 30mm。找平验收后垫铁层间点需要点焊，敲出药皮和焊渣，才能进行二次灌浆（图 12.3-4、图 12.3-5）。

图 12.3-4 设备基础垫铁安装

图 12.3-5 设备基础凿毛

12.3.4 钢结构样板

1. 钢结构柱脚

钢柱安装完成后，用紧固螺栓紧固，全部钢柱安装完成后进行柱子的找正，找正通过基础上的垫铁进行调整，调整时应将柱子倾斜方向的地脚螺栓松开，并用经纬仪进行校正，找正后将地脚螺栓拧紧。紧固地脚螺栓时，应从中心到边缘的顺序对称拧紧。紧固螺栓后，应保证螺栓拧紧后能露出螺丝，且不少于 2 个螺距。螺栓漏出位置合适，基础无杂质，垫铁高度合适（图 12.3-6）。

2. 钢结构框架

钢结构垂直度、水平度、对角线距离等应满足规范要求。面漆涂刷应均匀，无污染（图 12.3-7）。

12.3.5 管道专业样板

1. 管道焊接

管道施焊前应根据焊接工艺评定报告编制焊接工艺卡，焊工应按指定的焊接工艺卡进行焊接。对口间隙可用垫板控制在 1 ~ 5mm。对口前管道找圆，合格后再组对。组对用工卡具消除错边，并点焊牢固。组对时管子要放平摆正，平直度和角变形要符合要求，组对必须留有坡口间隙，保证全熔透。打底焊小管径一次焊接完成，大管径采取对称焊接。管道填充层焊接采取多层多道焊，避免焊件过热，严格控制焊接电流、焊接速度和接头的间隙大小。填充层焊接完毕后再进行盖面焊，管道盖面焊薄壁管可单道焊完成，厚壁管应采用多道焊（图 12.3-8）。

图 12.3-6　钢结构柱脚

图 12.3-7　钢结构框架安装

图 12.3-8　管道组对点焊一打底焊一填充焊一盖面焊

2. 法兰安装

法兰连接保持与管道同轴，保证螺栓自由穿入。法兰间保持平行，其偏差不大于法兰外径的 0.15%，且不大于 2mm。法兰接头的歪斜严禁用强紧螺栓的方法消除（图 12.3-9）。

3. 支架和滑托安装

固定支架按设计文件要求安装，在无补偿装置而有位移的直管段上，最多安装一个固定支架；导向支架或滑动支架的滑动面洁净平整，无歪斜和卡涩现象。其安装位置从支承面中心向位移反方向偏移，偏移量为位移值的 1/2，绝热层不得妨碍其位移；管道与支架焊接时，管道无咬边、烧穿等现象；管道材质与支吊架材质不同时，支吊架管夹与管道接触面之间加以耐腐蚀的非金属垫片进行隔绝，避免两种不同材质直接接触（图 12.3-10、图 12.3-11）。

4. 阀门安装

法兰或螺纹连接的阀门在关闭状态下安装。焊接方式连接的阀门，焊接时阀门不得关闭，防止过热变形。安全阀垂直安装；水平管道上安装的阀门，其阀杆安装在管道水平面以上的上半周范围内。大型阀门安装前，预先做好承重支架，不得将阀门的重量附加在设备或管道上（图 12.3-12）。

图 12.3-9　法兰螺栓采用液压扭矩扳手紧固

图 12.3-10　弹簧支吊架安装

图 12.3-11　滑托安装

图 12.3-12　阀门安装样板

12.3.6 电气仪表专业

1. 桥架安装

电缆桥架、梯架以角钢支架和吊杆支持或悬挂于结构板、梁、墙上，其间距为水平段不大于 3m、垂直段不大于 2m。桥架盖板应密封严实（图 12.3-13、图 12.3-14）。

2. 电缆敷设

电缆沿桥架或线槽敷设时，应单层敷设，排列整齐，不得有交叉。拐弯处应以最大截面电缆允许弯曲半径为准。电缆严禁绞拧、保护层断裂和表面严重划伤。不同等级电压的电缆应分层敷设，截面积大的电缆放在下层，电缆跨越建筑物变形缝处，应留有伸缩余量。电缆转弯和分支不紊乱，走向整齐清楚（图 12.3-15、图 12.3-16）。

标识牌上应注明回路编号、电缆编号、规格、型号及电压等级。

图 12.3-13　桥架安装

图 12.3-14　桥架盖板

图 12.3-15　电缆敷设整齐

图 12.3-16　仪表线敷设整齐

3. 跨接

全长大于 30m 时，每隔 20 ～ 30m 应增加一个连接点，起始端和终点端均应可接地；非镀锌电缆桥架本体之间连接板的两端应跨接保护联结导体，保护联结导体的截面面积应符合设计要求（图 12.3-17）。

12.3.7　防腐及保温样板

1. 油漆

涂刷油漆前应对标识、焊接坡口等特殊部位加以保护。

喷枪与被喷表面呈直角状态并平行运行，喷枪的运行速度宜为 300 ～ 600mm/s，且应保持稳定。喷涂应均匀，无留挂（图 12.3-18）。

2. 设备管道保温

保温层施工时应先用弹性橡胶带将保温材料捆在设备上，使保温材料与设备表面贴紧。保温层纵向和环向接头的缝隙均应用相同材料填盖、压好，再用包装钢带或 $\phi 2 \sim \phi 2.5mm$ 的镀锌钢丝捆扎。保温层沿设备纵向的捆扎间距，对软质制品不应大于 200mm，对半硬质制品不应大于 300mm，且两端 50mm 长度处应各捆扎一道。分层的保温材料应分层施工，逐层捆扎。捆扎应用力均匀，松紧适度，使保温层捆扎后的厚度及密度符合规定，外形应规整。封头保温时，应将保温材料切割成合适的形状，错缝敷设。保温层敷设后，在圆环与 Ω 形、Z 形保温钉之间用 $\phi 2 \sim \phi 2.5mm$ 镀锌钢丝拉成扇形固定保温层。任何情况下保温层的每道捆扎都应单独进行，严禁采用螺旋式缠绕捆扎。立式设备的保温层施工应从底部保温支持圈开始自下而上进行。

图 12.3-17　桥架跨接

图 12.3-18　管道喷漆均匀

金属保护层的外观应无翻边、豁口、翘缝和明显凹坑、搭接应均匀严密、外表应整齐美观。管道外护层纵向接缝应与管道轴线保持平行，应整齐美观，位置宜在水平中心线下方的 15°～45°处（图 12.3-19、图 12.3-20）。

图 12.3-19　管道保温

图 12.3-20　设备保温

12.3.8　进行样板方案交底

样板施工前，组织有经验的人员对具体实施操作人员进行现场教学和实操指导，规范施工操作和行为，样板实施过程时进行全方位跟踪记录，做好提示和监督，确保操作人员的每一步均合规，提前规避质量风险（图 12.3-21）。

图 12.3-21　样板方案交底

12.3.9 严格样板成果验收

样板施工结束后，组织各方进行验收，将样板每个步骤的具体操作方法和技术要求明确清晰的写入交底记录，使其能够有效指导后续的施工，确保质量优于标准和规范要求（图 12.3-22）。

12.3.10 强化样板工程的示范作用

通过在现场设置样板展示区、质量标准牌、质量激励牌等方式，将样板工程的质量要求和成果向其他工程部位进行推广和传播，形成了良好的质量管理氛围。

通过现场实体样板引路，施工质量受控，多个分部分项被业主评为样板工程，同时业主组织各参建单位到项目部进行了参观交流，被业主选择作为文莱政府现场参观地，并获得官方的好评（图 12.3-23、图 12.3-24）。

图 12.3-22　样板验收

图 12.3-23　业主样板检查

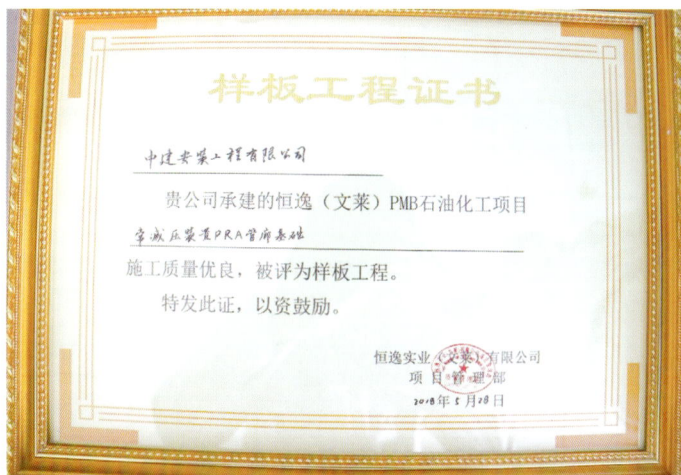

图 12.3-24　PRA 管廊基础获得业主样板工程评比

12.4　落实过程管控，降低质量成本

通过在施工过程进行强有力的管控，减少质量通病，减少返工，提高质量，降低整改成本。项目强化质量过程控制策划，对施工的关键的过程制定了管理措施，包括土方回填、大体积混凝土浇筑、设备螺栓预埋、工艺管道实施全过程管理等，形成了良好的质量管理氛围。

12.4.1　土方回填

基坑回填时，逐层回填，分层压实，基础周边选择小型振动设备保证压实质量，保证了后期地坪未发生任何开裂现象。通过设置土方回填分层标记、分层夯实，确保上部地面不发生沉降（图 12.4-1～图 12.4-3）。

图 12.4-1　土方回填分层夯实

图 12.4-2　分层回填标记

图 12.4-3　回填土夯实

12.4.2　大体积混凝土浇筑

本项目压缩机基础为大体积混凝土结构，采取了加大内部冷却水循环和温度智能监控措施。通过设置冷却管道（图 12.4-4 ～ 图 12.4-6），将冷却水在混凝土内部循环，降低混凝土内部温度，减少温差和热应力。外敷保温材料，通过覆盖土工布和塑料布材料，减少混凝土表面受到太阳辐射和风吹的影响，保持混凝土表面湿润和温度稳定。蓄水并四周采取喷淋措施，通过在混凝土周围设置水池或水箱，并定时对混凝土进行喷淋，控制表里温差不大于 25℃。

通过调节进水流量及水温，控制进水温度与混凝土最高温度之差，温差宜为 15 ～ 25℃；出水温度与进水温度差宜为 3 ～ 6℃，降温速率不大于 2℃ /d 且不大于 1℃ /4h。在水冷却过程中，应加强混凝土的保温保湿养护。最高温度与表层温度之差不大于 15℃时可暂停水冷却作业；当混凝土最高温度与表层温度之差大于 25℃时应重新启动水冷却系统。

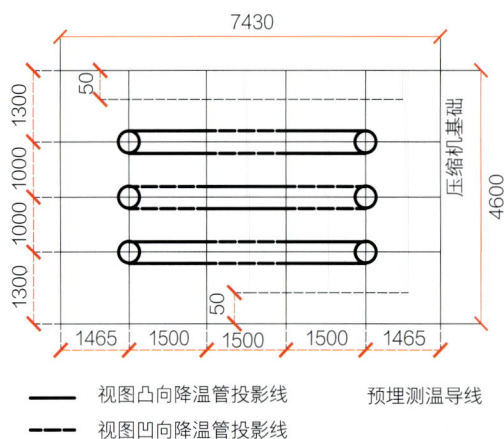

—— 视图凸向降温管投影线　　　预埋测温导线

---- 视图凹向降温管投影线

图 12.4-4　冷却管立面布置示意图

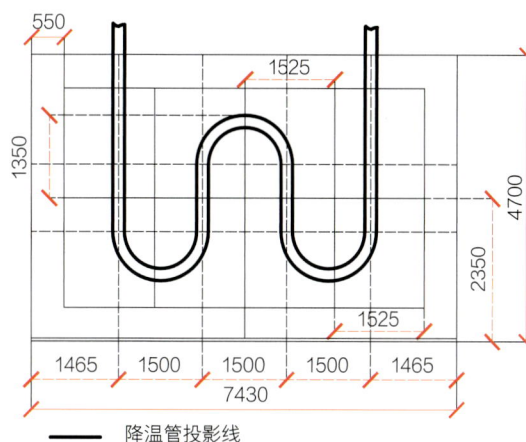

550
1525
1350
4700
2350
1525
1465 1500 1500 1500 1465
7430

—— 降温管投影线

图 12.4-5 冷却管平面布置示意图

图 12.4-6 压缩机大体积混凝土基础

12.4.3 大型设备基础螺栓预埋

为了保证大型设备安装螺栓尺寸精度，制作专用工具，防止出现预埋螺栓定位尺寸偏差影响设备的安装（图 12.4-7）。

12.4.4 焊工管理

在现场施工时，项目对不同资质和专业的焊工进行了明确的区分和管理；编制了焊工准入证，要求随身进行携带，同时根据钢结构与管道焊工的不同，项目为他们提供了不同颜色和标识的服装和设备，以防止混淆和误操作（图 12.4-8、图 12.4-9）。

图 12.4-7　大型设备地脚螺栓安装

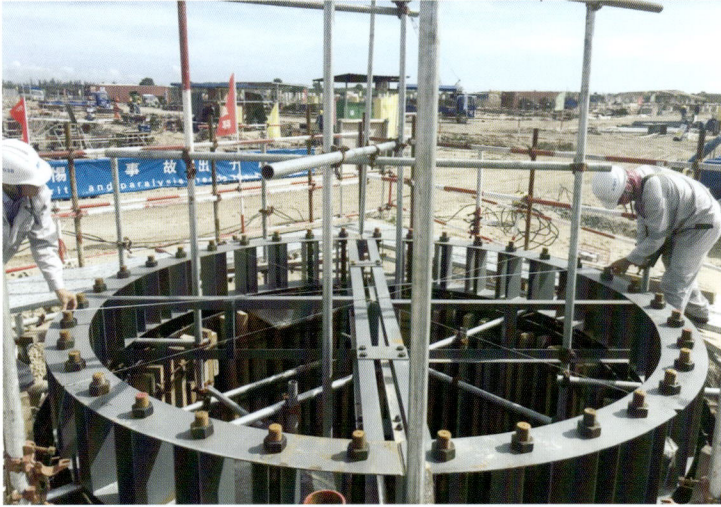

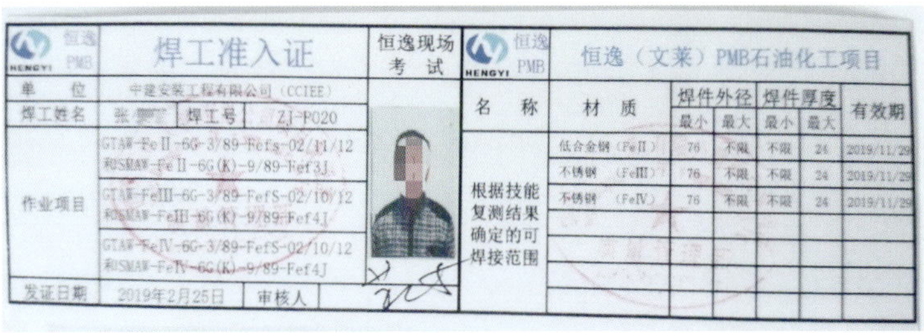

恒逸 PMB HENGYI　焊工准入证　恒逸现场考试

单位	中建安装工程有限公司（CCIEE）		
焊工姓名	张[illegible]	焊工号	ZJ-F020
作业项目	GTAW-FeⅡ-6G-3/89-Fefs-02/11/12 和SMAW-FeⅡ-6G(K)-9/89-Fef3J		
	GTAW-FeⅢ-6G-3/89-FefS-02/10/12 和SMAW-FeⅢ-6G(K)-9/89-Fef4J		
	GTAW-FeⅣ-6G-3/89-FefS-02/10/12 和SMAW-FeⅣ-6G(K)-9/89-Fef4J		
发证日期	2019年2月25日	审核人	

恒逸 PMB HENGYI　恒逸（文莱）PMB石油化工项目

名称	材质	焊件外径		焊件厚度		有效期
		最小	最大	最小	最大	
根据技能复测结果确定的可焊接范围	低合金钢（FeⅡ）	76	不限	不限	24	2019/11/29
	不锈钢（FeⅢ）	76	不限	不限	24	2019/11/29
	不锈钢（FeⅣ）	76	不限	不限	24	2019/11/29

图 12.4-8　焊工准入证

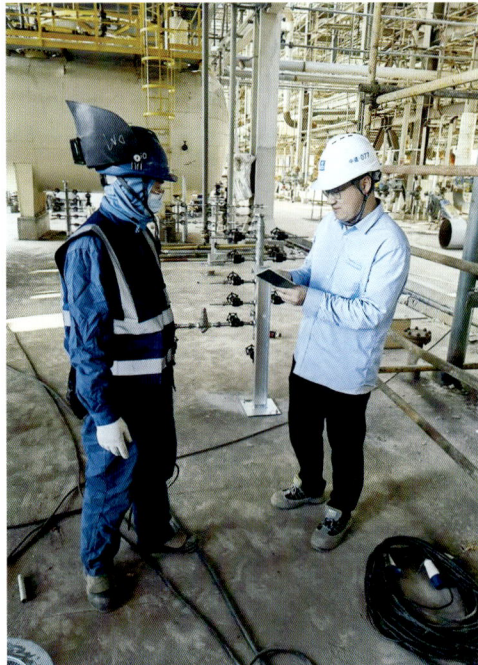

图 12.4-9　焊工现场检查

12.4.5　焊材管理

编制《焊材的发放、领用及回收制度》《焊条的烘烤管理制度》《焊材库管理制度》，安排专职焊材管理员进行焊材二级库的管理，焊条烘干房的温度不超过 30℃，相对湿度不超过60%。作好焊条烘干记录和焊条发放记录。焊材根据牌号进行分类存放，有明确的标识，注明焊材的种类、批号、生产日期、保质期等信息。烘烤箱和保温箱内的焊条要分类摆放，挂牌标识清楚。特殊钢种设立单独焊材库和焊接管理人员。

焊条发放控制在半天的使用量之内，以焊条头换焊条，回收的焊条应单独存放，经再次烘干后先行使用。焊条最多只能烘干两次。 焊条烘干管理制度张贴在烘干房内（图 12.4-10、图 12.4-11 ）。

图 12.4-10　焊条分类摆放

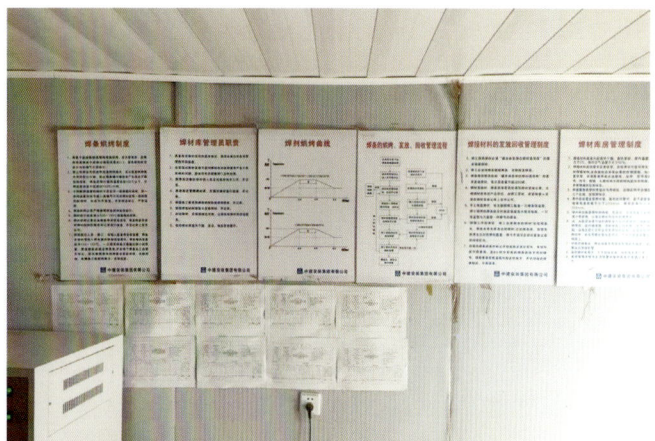

图 12.4-11　焊条烘干房制度上墙

12.4.6 原材料和构件的色标管理

项目对原材料和构件进行色标管理。通过不同材质所标注的明显色标区别，通过色环来区分装置区，色带来区分材质。在材料采购、加工、运输和现场使用过程中，实施严格的检查和验收程序，降低误用风险。通过培训交底，制作色标标识牌，设立在材料堆放、加工区和预制厂，确保所有相关人员对颜色编码有清晰的理解，避免混淆和错误（图 12.4-12、图 12.4-13）。

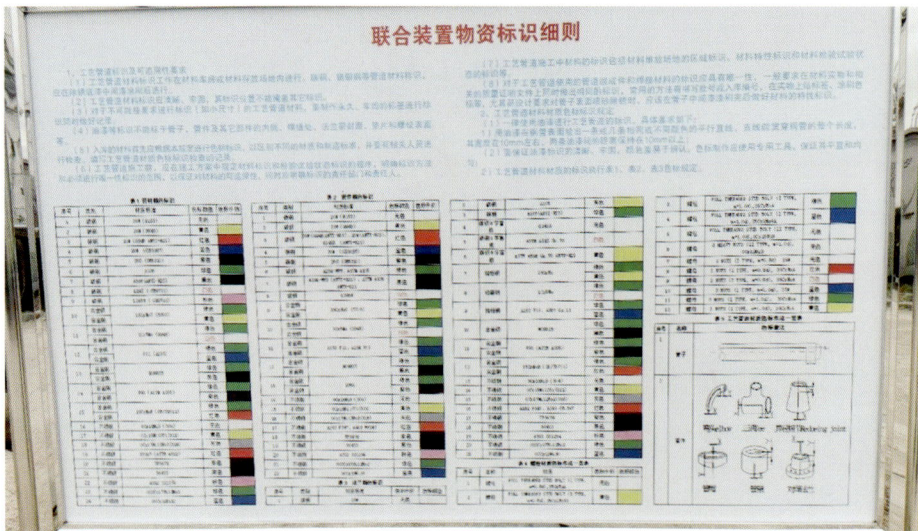

图 12.4-12　施工现场张贴色标指示牌

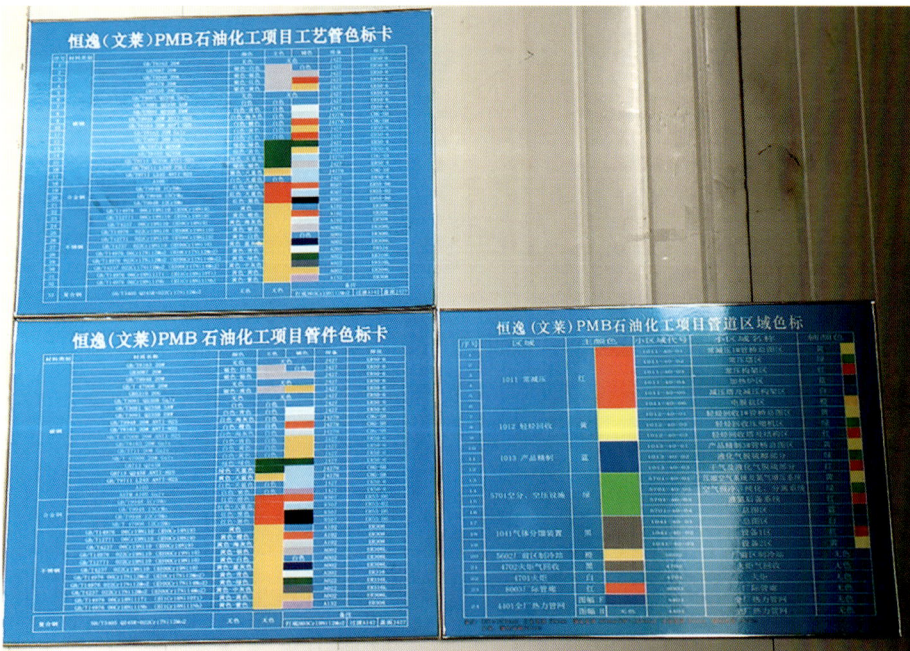

图 12.4-13　预制厂张贴色标指示牌

12.4.7　材质检测

项目配备光谱分析仪，在材料使用不同阶段对合金钢进行检测，确保材质不用错。在材料进场阶段，对合金钢材料进行复验，确定材质与色标相匹配；在材料切割阶段，对材质进行复验，确保色标移植及时、准确；在现场安装阶段，对管材、管件材质进行抽检，确保使用部位准确。

12.4.8　焊接防护

项目所在地属于海岛环境，一年四季湿度极大、突发风雨情况频繁。大风会对焊接电弧的稳定性有很大影响，也会影响焊缝内部的气体保护效果，增加操作人员的不稳定性，大雨会造成焊接的突然中断，极大影响质量，因此必须采取有效的防风防雨措施（图 12.4-14）。

12.4.9　焊接过程管控

（1）坡口：现场对管道打磨坡口，需要对焊件的坡口尺寸进行检查。坡口完成后，点焊（图 12.4-15 ~ 图 12.4-18）。

图 12.4-14　管道焊接防风棚

图 12.4-15　坡口角度检查　　　　图 12.4-16　坡口间隙检查

图 12.4-17　管件壁厚尺寸检查

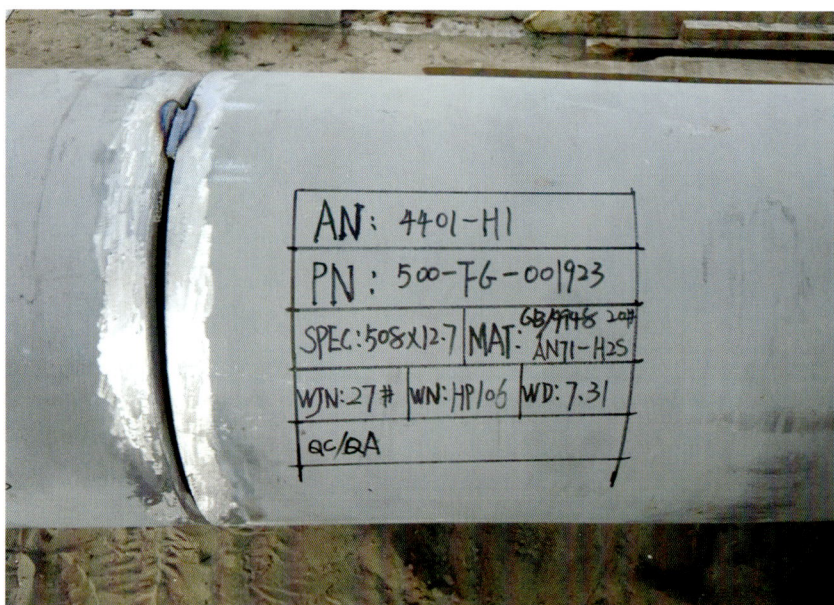

图 12.4-18　点焊

（2）打底焊：小管径一次焊接完成，大管径采取对称焊接。管道填充层焊接采取多层多道焊，避免焊件过热，严格控制焊接电流、焊接速度和接头的间隙大小（图 12.4-19）。

（3）填充层焊接完毕后再进行盖面焊，管道盖面焊薄壁管可单道焊完成，厚壁管应采用多道焊（图 12.4-20）。

（4）合金钢管道焊接完成后进行热处理，热处理完成后要进行硬度检测（图 12.4-21）。

图 12.4-19　打底

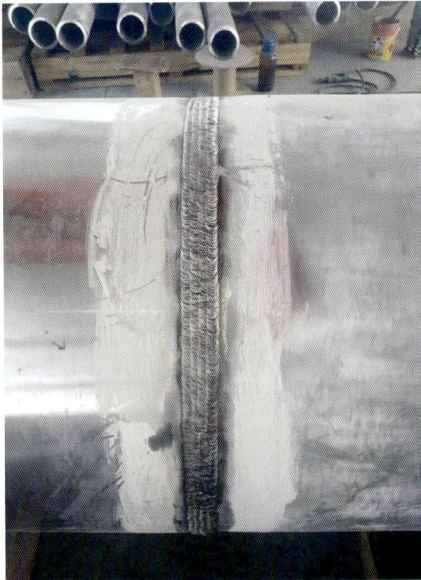

图 12.4-20　多层多道焊

图 12.4-21　焊缝热处理

12.5　严格检验试验，守好质量防线

12.5.1　检试验计划实行动态管控

建立包括检验项目、检验方法、检验标准、检验频率、责任人等内容的检试验计划，实行台账式管理、专人负责监督落实。

按照计划中规定的检验项目和方法完成检验任务，记录详细的检验结果。在检验过程中发现任何异常情况或问题，及时通知操作和管理等相关责任人，采取必要的纠正措施，并记录整个处理过程，确保问题得到及时解决，不影响工程质量。

12.5.2　原材料检验

项目对进场的原材料进行取样检验，确保使用的材料符合标准规范（图 12.5-1）。

12.5.3　现场试验及工序验收

对现场实施完成的工序，需要进行试验及验收，确保符合标准。验收合格后再进行下一道工序，可以避免返工（图 12.5-2 ~ 图 12.5-15）。

图 12.5-1　换填土取样

图 12.5-2　桩基小应变测试

图 12.5-3　基础强度回弹测试

图 12.5-4　混凝土试块制作

图 12.5-5　塔基础验收

图 12.5-6　机泵轴对中验收

图 12.5-7　管道材质检测

图 12.5-8　地管超声波检测

图 12.5-9　地管电火花检测

图 12.5-10　地管试压

图 12.5-11　钢结构验收

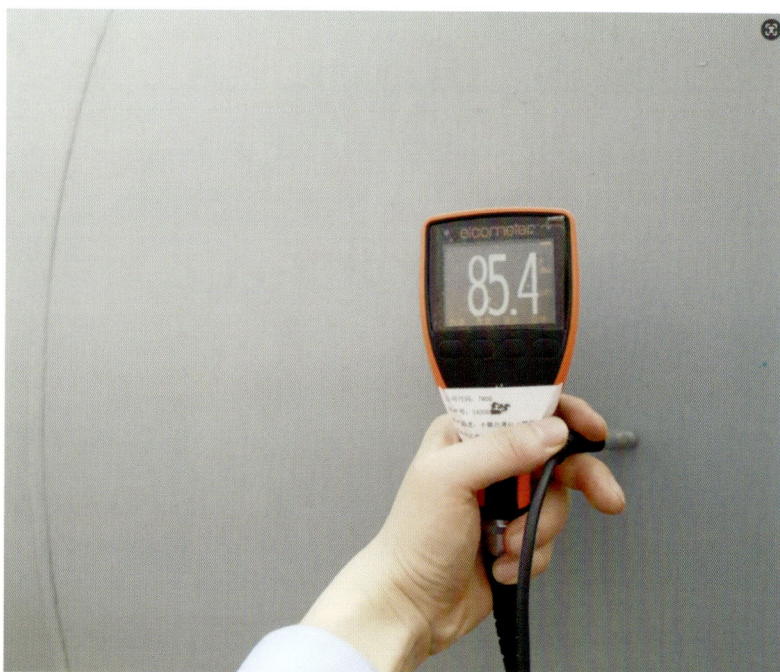

图 12.5-12　油漆厚度检测

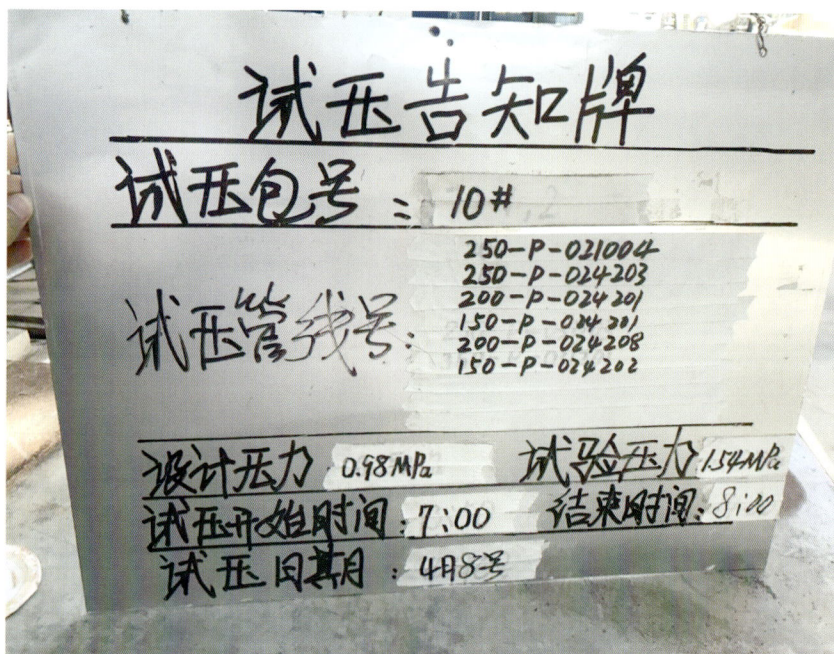

图 12.5-13　管道试压告知牌

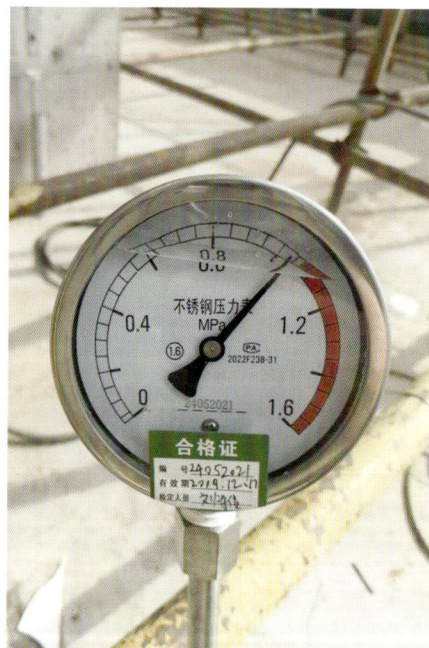

图 12.5-14　管道试压

图 12.5-15　电气送电调试

12.5.4　对焊缝检测严格把关

公司委派南京华建检测技术有限公司对项目的第三方检测机构的资质、检测报告内容和结果进行监督，起到相互监督的作用，为项目最终的安全运行保驾护航（图 12.5-16）。

12.5.5　质量检查

定期组织项目管理团队、各班组负责人进行周、月度质量大检查，进行现场探讨交流，并于检查当日召开项目全员质量例会，对现场检查中发现的问题进行通报，以此提升全员能力和意识，提高现场施工质量。质量监督人员在每日班前会进行质量宣贯，并现场巡检，针对隐患及时组织相关人员进行现场二次交底。

项目现场施工采用了多级检查制度，从作业队伍的自检、项目部的专检、业主的复核，关键过程邀请专家进行协助验收等多个层级来对现场质量进行管控（图 12.5-17）。

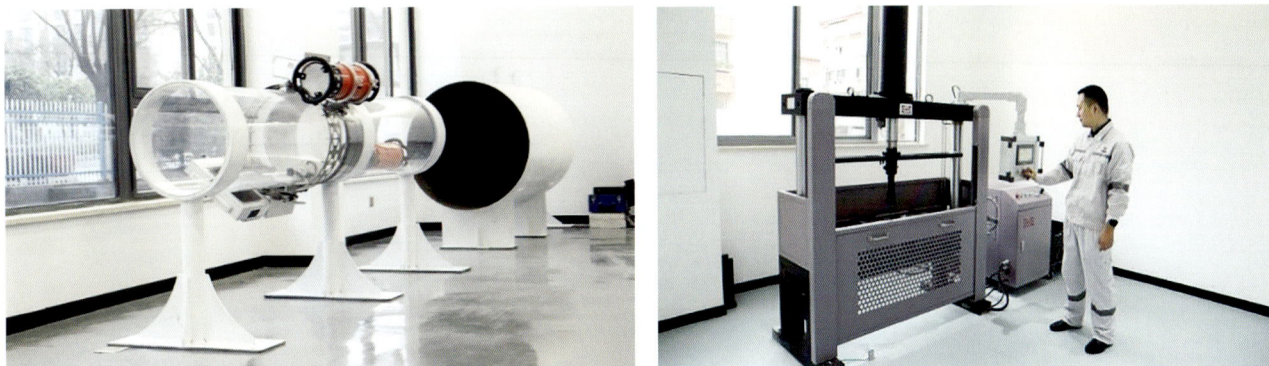

图 12.5-16　管道焊接无损检测

图 12.5-17　工序检查验收

12.5.6　强化监督机构对项目的监管

业主邀请山东省特种设备检验研究院作为监督机构进行焊接质量抽检和复核，确保施工质量符合设计和规范要求。通过监管评价机构进行客观和公正的评价和评审，确保施工质量达到各方的满意。

12.5.7　工程资料可追溯性管理

在施工全过程中，项目部建立了完善的质量管理档案，记录了材料入场到使用的各个环节的质量情况，从材料的炉批号到构件号形成详细台账，确保一一对应，具有可追溯性，并定期进行质量分析和评价，总结经验教训，提出改进措施。

12.6　落实成品保护，维护质量成果

12.6.1　土建成品保护

1. 测量控制点的防护

由于现场工人较多，工序交叉作业多，测量控制点不论对土建施工还是安装有重要的作用，测量控制点尤为重要。测量控制点采用脚手架管维护，防止损坏（图 12.6-1）。

2. 钢筋套丝保护

钢筋套丝完成后，及时采用套丝保护套进行保护，防止螺纹损坏钢筋连接不牢固（图 12.6-2）。

3. 预埋地脚螺栓螺纹保护

基础地脚螺栓预埋后，需要对地脚螺栓的螺纹进行保护，防止损坏。地脚螺栓涂上黄油后，采用塑壳保护套套上，防止灰尘污染，螺纹生锈（图 12.6-3）。

图 12.6-1　测量控制点防护

图 12.6-2　钢筋套丝保护

图 12.6-3　地脚螺栓保护

4. 结构柱保护

结构柱边采用护角进行保护，防止损坏（图 12.6-4）。

12.6.2　设备成品保护

动设备采用脚手架的对设备进行硬防护，防止上处物体掉落砸坏设备，采用防火布包裹，防止上部焊接飞溅损坏设备（图 12.6-5）。

图 12.6-4　结构柱边、地脚螺栓成品保护

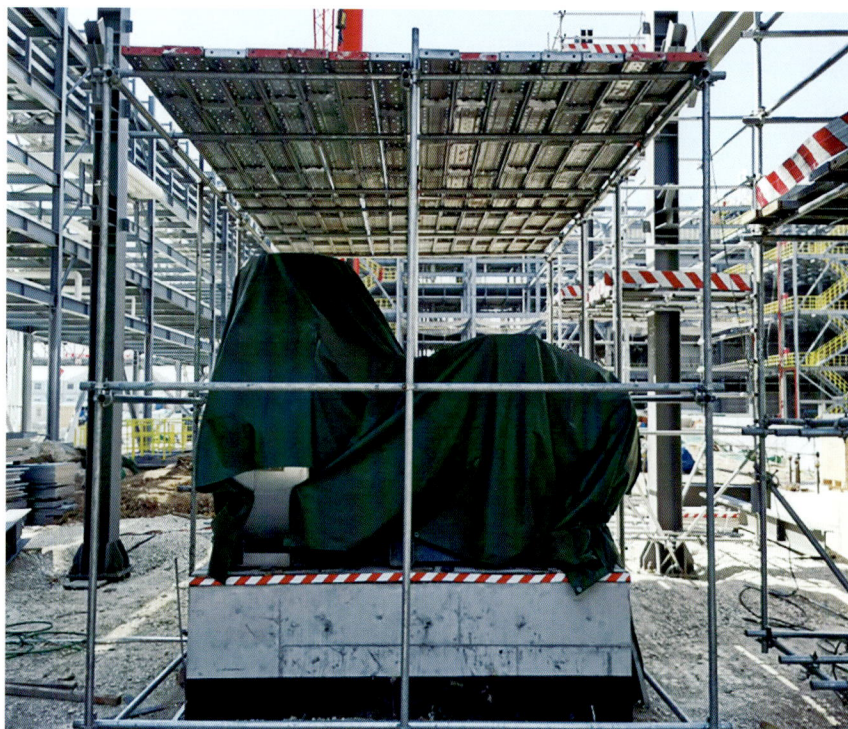

图 12.6-5　设备成品保护

12.6.3　管道成品保护

预制管道和管件出厂前做好管口密封（图 12.6-6）。

12.6.4　电气成品保护

电气预埋的穿线管，在土方回填时，管口需要进行封堵，采用胶带等封闭管口，以防杂物堵塞（图 12.6-7）。

图 12.6-6　管口封闭覆盖

图 12.6-7　预埋线管管口、线盒封闭

12.6.5　仪表成品保护

仪表专业精密仪器较多，安装后进行包裹防护（图12.6-8）。

图12.6-8　仪表防护

12.7　精心展示成果，赢得累累硕果

（1）工艺管道布局合理，标识清晰，保温密实美观（图12.7-1）。

图12.7-1　工艺管道外观

（2）干式气柜安装质量高：干式气柜实测垂直度偏差最大值 13mm（规范要求数值 28.5mm），圆度偏差最大值 11mm（规范要求数值 15mm），附件安装齐全，橡胶膜密封可靠，活塞上下运行正常、平稳（图 12.7-2）。

（3）外管廊钢结构设置美观、管线排列顺直（图 12.7-3）。

图 12.7-2　干式气柜安装

图 12.7-3　外管廊钢结构

（4）管道保温密实、外观成型美观（图 12.7-4）。

（5）空分空压设备管线布置顺直、美观（图 12.7-5）。

（6）静设备安装偏差小，塔器塔盘安装精度高，外部保温成型美观，附塔管线固定牢固（图 12.7-6）。

（7）动设备安装排列整齐，固定牢固，联轴器对中精度满足要求，设备运行正常、平稳（图 12.7-7）。

图 12.7-4　管道保温

图 12.7-5　空分空压设备管线

图 12.7-6　静设备

图 12.7-7　动设备

（8）电缆桥架固定牢固、整齐顺直，接地跨接可靠（图 12.7-8）。

（9）柜内电缆排列有序，绑扎整齐，标识清晰准确（图 12.7-9）。

（10）变电所配电柜盘面平整，排列成排成线，设备操作安全方便，接地可靠（图 12.7-10）。

图 12.7-8　电缆桥梁

图 12.7-9　柜内电缆

（11）仪表安装位置准确，仪表表盘清洁，读数清晰；导压管线支架设置合理，管道弯曲弧度一致，整齐美观（图 12.7-11）。

图 12.7-10　变电所配电柜

图 12.7-11　仪表管线

（12）中控室大屏显示清晰，信号采集准确，操作灵敏可靠（图 12.7-12）。

图 12.7-12　中控室

项目部通过精心策划、实施、严格管控，确保整个项目的质量水平，最终顺利通过验收（图 12.7-13、图 12.7-14）。

图 12.7-13　项目实体验收合影

图 12.7-14 项目验收

中建安装集团有限公司致力于科技创新与卓越品质的追求，面对管理和技术上的重点难点，项目部进行了周密的策划，实现了各部门间的有效联动，开展关键建造技术的研究。其中，"800 万吨 / 年常减压联合装置"施工关键技术荣获了中国安装协会科学技术进步奖。此外，项目还先后获得了化学工业境外优质工程奖、优秀焊接工程一等奖、国家优质工程金奖以及境外工程鲁班奖等多项殊荣，彰显了其在工程质量和技术创新方面的杰出成就。

恒逸（文莱）PMB 石化项目是"一带一路"倡议中的一个亮眼工程，体现了公司的军魂匠心精神和高度的专业素养，彰显了中国企业在国际合作中的实力和责任，在国际市场上树立了优秀的企业形象，在全球建设市场上赢得了更高的声誉和影响力。也为中国企业"走出去"策略的成功实施贡献出了中国智慧和中国方案，更是中国国企在海外维护国家形象，展现大国担当的重要实践。

大事记

2017 年 8 月 10 日

项目第一方混凝土浇筑，标志着项目正式开工建设

2017 年 8 月 22 日

项目国内预制厂正式开工

2018 年 1 月 21 日

项目钢结构首吊完成，安装工程正式开始

2018 年 3 月 30 日

项目第一件大件设备吊装成功

2018 年 6 月 25 日

项目第三次高层推进会在文莱现场召开

2018 年 7 月 22 日

项目工艺管道开始穿管，管道安装拉开序幕

续表

2018 年 10 月 31 日 工艺管道预制完成，标志着国内预制工作全面结束	
2018 年 11 月 27 日 提前一周完成全场供配电系统安装节点目标	
2018 年 12 月 7 日 常减压主装置区 80m 烟囱吊装完成	

2018 年 12 月 24 日

空分空压设施通过中交验收，为全场提供氮气、压缩空气做好准备

2019 年 1 月 4 日

常压塔吊装成功

2019 年 1 月 6 日

SS-8 楼梯间模块化吊装完成

2019 年 1 月 8 日

常减压主装置区 66kV 变电所
一次受电成功

2019 年 1 月 15 日

常减压主装置区"最后一吊"
减压塔完美收官

2019 年 1 月 18 日

2 万 m³ 干式气柜施工用时
49d 完成封顶

2019 年 2 月 16 日

"文莱第一高"149.7m 火炬吊装完成

2019 年 4 月 10 日

中心控制室、中心化验室高标准中间交接验收

2019 年 4 月 30 日

厂际管廊，H、F 图幅管廊高标准中间交接验收，为原油、天然气进场做好准备

2019 年 7 月 6 日

800 万吨 / 年常减压联合装置全面中间交接验收

2019 年 7 月 10 日

60 万吨 / 年气体分馏装置高标准中间交接验收，标志着中建安装承建的 18 套单体全面高标准通过中间交接验收

2019 年 8 月 16 日

常减压联合装置通过文莱政府验收，率先引气烘炉，为后续装置进油做好准备

2019 年 9 月 6 日 经过水联运、气密、柴油联运等系统试验后，常减压蒸馏装置一次开车成功，标志着中建安装承建的首套海外大型石油化工装置圆满建成投产	
2020 年 9 月 项目获得化学工业境外优质工程奖	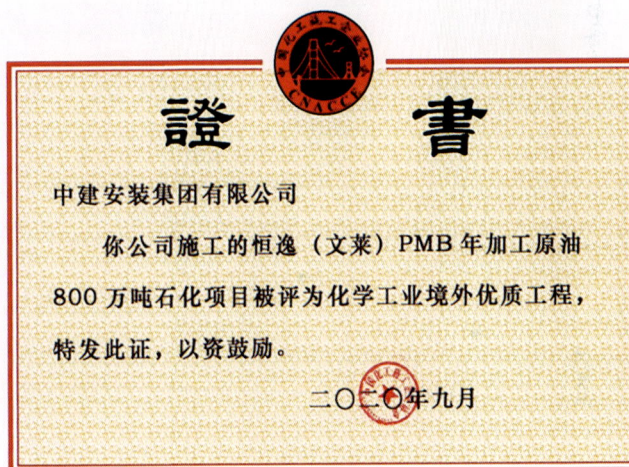
2020 年 12 月 项目获得优秀焊接工程一等奖	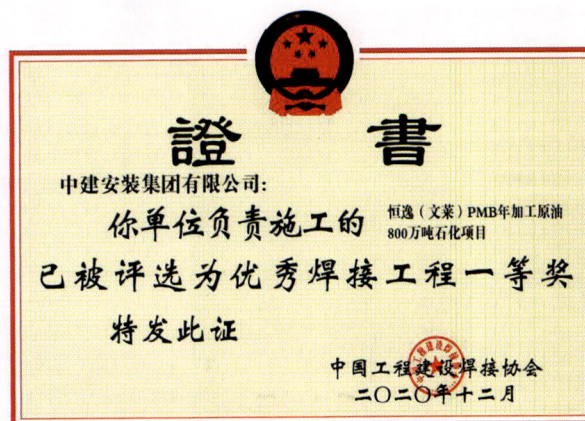

续表

2021 年 12 月 项目获得国家优质工程金奖	
2022 年 3 月 项目获得鲁班奖（境外工程）